从水晶宫到达尔文中心

——伦敦自然历史博物馆建筑进化史

王琦　著
英国诺丁汉大学

中国建筑工业出版社

图书在版编目(CIP)数据

从水晶宫到达尔文中心——伦敦自然历史博物馆建筑进化史 / 王琦著. —北京：中国建筑工业出版社, 2013.3

ISBN 978-7-112-15109-7

Ⅰ.①从… Ⅱ.①王… Ⅲ.①自然历史博物馆-建筑设计-伦敦 Ⅳ.①TU242.5

中国版本图书馆CIP数据核字(2013)第023933号

责任编辑：戚琳琳
责任校对：刘梦然　陈晶晶

从水晶宫到达尔文中心
——伦敦自然历史博物馆建筑进化史

王琦 著
英国诺丁汉大学

*

中国建筑工业出版社出版、发行(北京西郊百万庄)
各地新华书店、建筑书店经销
北京美光设计制版有限公司制版
北京盛通印刷股份有限公司印刷

开本：787×1092毫米　1/16　印张：11 1/2　字数：290千字
2013年5月第一版　2013年5月第一次印刷
定价：80.00元
ISBN 978-7-112-15109-7
(23099)

献给敬爱的父亲、母亲

序

王琦博士撰写的这本书及时填补了关于伦敦自然历史博物馆进化演变史的一项重要理论研究空白。与其他四位著名的学者与建筑师为本书撰写的短文一道，王琦将这所博物馆的建筑史，从其最初形成直至当前发展，详尽地呈于读者面前。他全面回顾研究了那些藏在该博物馆建筑以及其发展过程背后的趣闻轶事，而正是这些故事才使得该博物馆既成为了英国民众最青睐的场所之一，又成为了一处重要的国际性中心。作为一座博物馆，它因其非凡的收藏而备受珍视，却更是代表不列颠文化与社会的一块基石。

本书系统记录了该博物馆的建筑发展，更强调了各种建筑物在博物馆发现与理解自然世界的研究过程中所发挥的轴心作用。王琦精心讲述了自然历史博物馆160多年来的建筑建造与发展史，而这段历史恰恰与那馆藏的7000余万件标本一样趣味十足，引人入胜。从阿尔弗雷德·沃特豪斯于19世纪60年代设计的那栋标志性建筑，到在2009年向公众开放的达尔文中心二期，自然历史博物馆的进化始终引导着自然历史类展览设计的最新思潮。基于系统严谨的研究，王琦博士的著作的确展示了一段信息丰富且至关重要的历史，这对于博物馆建筑研究与知识积累均意味深长。

蒂姆·希斯教授

英国诺丁汉大学建筑与建造环境学院

2012年2月12日

FOREWORD

This timely book by Dr Wang Qi fills an important missing gap in literature related to the evolution of the Natural History Museum in London. Together with contributions from four eminent scholars and practitioners, Wang Qi has written a comprehensive architectural history of the Museum from its formation through to the present day. He has thoroughly researched the interesting story behind the Museum's architecture and its growth, which has enabled it to become one of the British people's favourite places and an important international centre. As a museum, is treasured and cherished for its collections and as a foundation stone of British culture and society.

This book charts the architectural development of the museum and the part that the buildings have played in the Museum's pivotal role in discovering and understanding the natural world. Wang Qi carefully tells the story behind the creation and addition of the Museum's architecture over a 160-year period that is as interesting and fascinating as the 70 million items that are contained in its buildings. From the 1860s iconic building designed by architect Alfred Waterhouse to the second phase of the Darwin Centre opened in 2009, the Natural History Museum's evolution charts cutting-edge thinking about how to house and display natural history collections. Dr Wang Qi's book has been methodically researched and presents an informative and important text that significantly furthers knowledge about museum architecture.

Professor Tim Heath
Department of Architecture & Built Environment
University of Nottingham, UK
2012/2/12

目录 | CONTENTS

The Natural History Museum
London

1 Dippy欢迎你

和世界上许多著名的大都会一样，英国伦敦拥有足够多的一流博物馆和画廊。它们星罗棋布于大伦敦那密如蛛网的大街小巷之中，类别分明又相互补充，多能以其无与伦比的收藏与显赫的声名而吸引成千上万的各国游客慕名前来。而在这数不胜数的博物馆之中，有一座格外引人注目。它拥有与众不同的米黄色外观；它远远看上去更像个教堂；它的大多数参观者都是孩子；它的参观人数仅次于大英博物馆而排名第二。这就是位于伦敦西南，南肯辛顿区（South Kensington）的伦敦自然历史博物馆（Natural History Museum）。

事实上，自然历史博物馆并非一栋单体建筑，而是一片拥有百余年历史的著名建筑群。这里不但是集展览、科研、教育等功能于一身的国际自然科学研究中心，更是荟萃了百年建筑艺术的胜地。每天清晨，都会有来自世界各地的大量游客在博物馆南面的克伦威尔路排起长队，等待着入馆参观，去一睹这世界上最著名的自然博物馆之一的珍贵收藏。而站在中庭中欢迎大家的则是博物馆的当家明星—— 一

图1-1

屹立在博物馆大厅中央的德皮每天欢迎数以万计的游客前来参观

具长达24.5m的完整梁龙骨架。由于梁龙的英文名是Diplodocus，于是大家便去繁就简，就着发音亲切地给它起了一个小名——德皮（Dippy）（图1-1）。

在博物馆的7000多万件标本之中，德皮已经是老兵一员了。这具漂亮的恐龙骨架在1905年5月12日下午1点正式揭幕暨与公众见面。如此算来，它已经在博物馆里待了106个年头，足够有资格成为博物馆的形象代表。然而，人们可能不知道，深受英国孩子们喜爱的德皮来自大洋彼岸的美国，而且是一个真实标本的石膏复制品。

故事的来龙去脉其实并不复杂。1895年，在美国经过多年创业拼搏而积累起巨额财产之后，出身于苏格兰普通人家的商界巨贾——安德鲁·卡内基（Andrew Carnegie，1835～1919年）在美国匹兹堡（Pittsburgh）建立了一所以他的名字冠名的博物馆，用以支持科学研究并网罗各种珍稀展品。在不久之后的1899年，他便斥巨资购买下了发现于怀俄明州绵羊溪（Sheep Creek, Wyoming）的一大一小两具几乎完整的梁龙化石，并委托他的科学家们将其运抵匹兹堡博物馆内进行研究。作为一名已经功成名就的百万富翁，卡内基落叶归根，早已不用在一线打拼，而是更多地呆在他在苏格兰的城堡中安享晚年。在他的书房之中，那条经过科学复原的梁龙骨架复原图被醒目地装饰在墙上。

1902年秋天，英王爱德华七世（King Edward VII）造访了卡内基的城堡。正当他们在书房里闲聊时，国王被挂在墙上的梁龙复原图深深吸引了。在向城堡的主人询问了标本的具体情况之后，爱德华七世明确地表示大英帝国的自然历史博物馆也应该拥有一件如此壮观的标本。随后的事情就发展得非常迅速了。激动的卡内基立刻责成他在匹兹堡的博物馆馆长——威廉·J·霍兰德教授（Professor William J. Holland）着手准备，而同年12月，伦敦的自然历史博物馆就收到了来自大洋彼岸的供货协议。霍兰德的手下在接下来的两年时间里用石膏按照原始化石精确无误地复制出了梁龙的所有骨骼，并将其涂成了接近天然化石的棕黑色。在1905年上半年，美国技师们更是随着化石复制品一道来到伦敦，将所有骨骼装架成型。自始至终，美国技师们展示了巧夺天工的工艺水准。如果不是那穿透梁龙腿骨的钢条道破了天机，单从外观上看还真是真伪难辨（Barrett, 2010：17-30）。

德皮不是一具真的恐龙骨架，但是它却比在匹兹堡的原品早两年展出，从而成为世界上第一具向公众展出的大型蜥脚类恐龙骨架。自从德皮来到伦敦的第一天起，英国人就开始为之疯狂了。大家争先恐后地跑到博物馆来一睹这史前巨兽的“芳容”，而德皮也不断地以各种形象出现在报刊、杂志与电视节目等各种媒体之中——德皮变成了真正的超级明星。

时光如梭，尽管德皮在博物馆中的位置换了又换，但与很多不停更新换代的展品相比，它却始终如一地站在展廊里。106年间，德皮不知疲倦地欢迎着已达到上亿人次的游客，也亲自见证了博物馆复杂漫长的发展变迁。德皮心里十分清楚，伦敦自然历史博物馆这光彩夺目的建筑群并非一日而成，其背后隐藏着一段跌宕起伏的传奇，而这一切，都要从160年前的一次盛会说起。

2 水晶宫与自然历史博物馆

2.1 阿尔伯特卫城

坐落在大伦敦城西部的海德公园（Hyde Park）永远充满了迷人的魅力。伦敦市民们都喜欢来到这里漫步九曲湖畔，一边欣赏秀丽风光，一边放松劳累一天的身体，尽情陶醉于这大都市中难得的一片绿意。除此之外，园内也颇有些值得一看的名胜古迹，吸引着世界各地的游客如雨骈集。其中，公园的南入口处耸立着一座颇为引人瞩目的纪念塔。塔身由八组精工雕琢而成的白色大理石雕像分两层环绕。位于外层塔院四角的高台上，四组象征着欧洲、亚洲、美洲和非洲的雕像美轮美奂，而内层塔基四角拥簇的四组雕像则代表了农业、经济、工程和制造业。雕塑人物精美传神，栩栩如生，却均面容凝重，略带伤感，似乎在纪念某位故去的亲人、挚友。中心耸立着一座哥特复兴式宝塔，庄重肃穆，金碧辉煌，且修长秀丽，通体附满了五颜六色的花纹，攒集着璀璨夺目的装饰。端坐塔基之上、亭龛之中的则是一位全身镀金，面貌年轻的绅士。这就是在英国近代史中声名显赫的阿尔伯特亲王（Prince Albert, 1819～1861年），而这座富丽堂皇的纪念塔就是亲王的夫人——维多利亚女王专门为纪念她那一生挚爱却英年早逝的丈夫而倾力打造（图2-1）。

阿尔伯特的雕塑目光深邃。他凝视着公园之外正南方的一大片街区，眉蹙间似乎带着些许欣慰，些许遗憾，唇齿间似乎欲言又止。这片街区就是如今声名显赫的南肯辛顿区。英国皇家建筑学会称之为展览路文化中心（the Exhibition Road Cultural Quarter），可与这个颇为正式的“学名”相比，当地的百姓们更乐于昵称它为“阿尔伯特卫城”（Albertopolis）。这是一处集中了皇家阿尔伯特音乐厅、维多利亚·阿尔伯特博物馆、科学博物馆、皇家艺术学院、皇家音乐学院、皇家地理学会、帝国理工大学及自然历史博物馆等诸多科教机构的科学文化圣地，是伦敦的文化中心（Albertopolis，网络资源）。如此之多的文化机构集中于此，在历史上自然有段缘由，这一切都源于阿尔伯特对科学文化的痴迷和对科技兴国的坚定信念（图2-2）。

阿尔伯特亲王生于1819年。他本是德国萨克森-科堡-哥达公爵的小儿子，本对英国没有什么概念。然而在他20岁时，遵随当时在欧洲王室中颇为流行的通婚

图2－1

位于海德公园内的阿尔伯特亲王纪念塔

习惯，他与他的表亲维多利亚女王结为连理。年轻的亲王自幼便聪明好学。与其他欧洲贵族家庭中那些只懂游手好闲、走狗架鹰的纨绔子弟不同，阿尔伯特学识渊博，稳健睿智，尤其热衷于自然科学、社会文化及人文关怀领域。婚后他甘做绿叶，一心辅佐与他同样年轻的女王，带领英国逐步进入了强盛的维多利亚时代并使之逐渐成为19世纪世界第一强国，而他自己也因一系列杰出贡献而永远被人们怀念。他曾是英国废除奴隶制度协会的主席，剑桥大学的校长，然而真正使亲王名垂青史的则是他试图在现代产业中将科学、艺术与制造业紧密连为一体的梦想，这个梦想最终结晶成了1851年世界博览会。

说起1851年的世界博览会，每一个建筑学子都会立刻想到那晶莹剔透的水晶宫（The Crystal Palace）及其建筑师约瑟夫·帕克斯顿（Sir Joseph Paxton）。这次史无前例的盛会于5月1日至10月15日在海德公园内靠近南面的空阔场地上举行。其幕后主导之一即是阿尔伯特亲王。展览会的官方宗旨是为世界各国提供展示各项成就的平台，不过作为东道主与工业革命的发祥地，当时强大的不列颠帝国理所当然地希望利用这次好机会向全世界展示自己在各个方面高人一筹的非凡

图2-2

阿尔伯特卫城鸟瞰，自然历史博物馆位于图片中下侧

成就。于是，在帕克斯顿那用玻璃与铸铁打造成的展览大厅中，数不胜数的“英国制造”到处可见。这其中，各式蒸汽机、纺纱机与其他机器设备在努力穿越雾都那厚重阴霾的夏日阳光下闪着乌亮的油光；无数由英国的探险队从世界各地收集而来，并按照科学方法精心分类保存的生物标本与矿石样品，向瞠目结舌的人们展示着世界遥远角落的奇迹。然而，与政府热衷于向世界展示英国超凡实力的初衷不同，注重人文教育与发展的亲王更希望借此机会，去向全英国的老百姓介绍现代科学知识并开阔人民的眼界，另用博览会的收入作为基金，去建造一组可为百姓提供永久科学文化宣传服务的博物馆建筑。基于这个目的，亲王亲自建议成立了一个由自己任主席的皇家委员会来管理博览会的收入。从未见过如此大规模的展览与如此新鲜的建筑样式，人们自然争先恐后地涌入展区去一睹工业社会的“奇迹”。历时半年的展览会总共吸引了600万人次的观众，这相当于当时英国1／3的人口。而仅仅在5月1日开馆的头一天就有3万余人涌入了水晶宫。最后，博览会的总收入达到了18.6万英镑，如果换算成现在的币值，则相当于1619万英镑之巨。不用说，有了这样一笔数目极其可观的资金，阿尔伯特亲王可以信心十足地去考虑未来的博物馆建设与购地计划了（图2-3、图2-4）。

1852年，也就是水晶宫世界博览会闭幕后的第二年，阿尔伯特亲王与他的委员会成员们把目标定在了海德公园南面的大片空旷土地上，并在当届政府的财政大臣——威廉·格莱斯通（William Gladstone）的帮助下最终购得了将近86英亩的土地。随后不久，委员会便在这块土地上规划了三条重要的道路——位于南边的克伦威尔路（Cromwell Road），东边的展览路（Exhibition Road）和西边的阿尔伯特亲王路（Prince Albert Road）（即现在的昆士盖特街(Queen's Gate)）。

图2-3

从东北方向眺望1851年国际博览会展馆——水晶宫全景，水彩渲染，作者不详

图2-4

水晶宫剖面模型

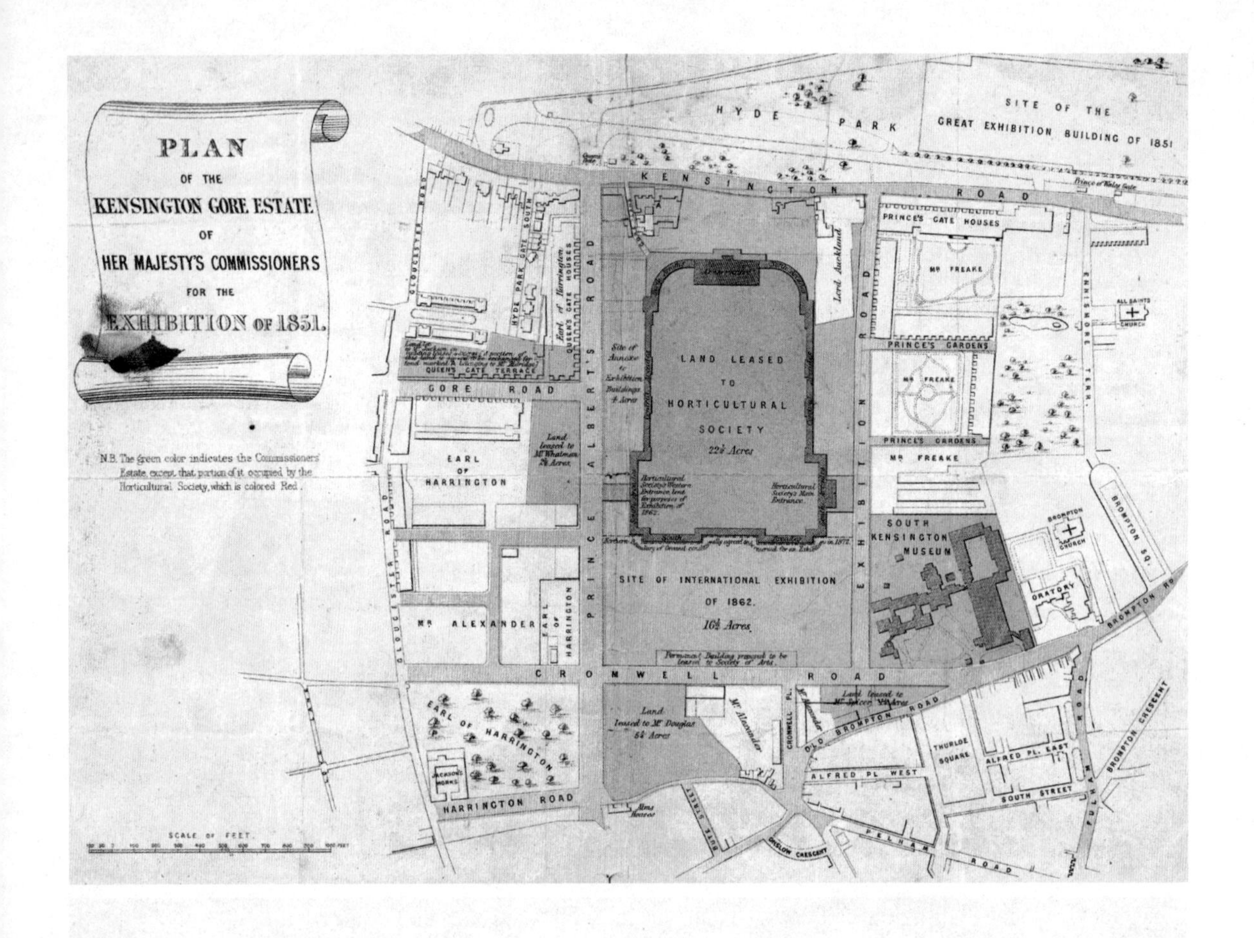

图2-5

1852年水晶宫世界博览会委员会购买的86英亩土地。图中可见，整个地块位于南边的克伦威尔路（Cromwell Road），东边的展览路（Exhibition Road）和西边的阿尔伯特亲王路（Prince Albert Road）的包围之中。这就是后来阿尔伯特卫城的雏形

这三条道路与北面的海德公园实质上初步勾勒出了未来阿尔伯特卫城的轮廓，在这其中，未来的自然历史博物馆就将坐落在靠近克伦威尔路的卫城南尽端（图2-5）。

2.2 水晶“龙”宫

为期半年的水晶宫世界博览会很快就结束了。除了世界各国的大量展品均要启程返回自己的国家外，来自英国的展品也逐渐被送回各个工厂、矿山、铁路、大学与博物馆——各式各样的机器设备要重新加入生产，千奇百怪的标本要重新回到科研所与教室。水晶宫在喧嚣热闹了一个夏天后变得空空荡荡，可是伦敦的市民却与这个透明的大厦逐渐产生了感情。人们不愿意将其简单地拆掉，于是组织起请愿运动去保护这个非凡的维多利亚时代建筑奇观。建筑师帕克斯顿更是希望自己的作品能够得以保留，因而对此格外热心。然而，与公众的热情相比，皇家委员会对水晶宫的去留却并不是特别在意。这一来是因为早在建水晶宫之前，阿尔伯特亲王就与政府签订了协议，即在博览会结束后就拆掉展览建筑从而使海

德公园的绿地不被侵占，直率得有些固执的亲王不愿意改口食言。二来是因为阿尔伯特主要的精力现在集中在如何将所购土地发展为博物馆区的问题上，对水晶宫的去留无暇顾及。最终，委员会声明如果政府愿意保留水晶宫那就是政府自己的意思，与委员会先前与之签署的协议毫无关系，并借此从这个事件中彻底脱身出来。而没有了展览主办方的支持，政府最终还是决定将水晶宫在1852年6月1日前拆除，但是如有合适的买家，则可以考虑异地重建。

作为一名工程师，帕克斯顿在实业界的关系到底帮助他拯救了这栋玻璃大厦。他的好朋友，同时又是布莱顿铁路公司（Brighton Railway Company）主席的利奥·舒斯特（Leo Schuster）先生决定买下整个建筑，并把它移到位于伦敦东南郊锡德纳姆镇（Sydenham）的彭盖地（Penge Place）扩大再建，并作为一处永久建筑供人们游赏。这项工程占地约七英亩，主体建筑与周边设施将如“图示百科全书”一般为参观者提供教育。1852年8月，工程正式开始，至1854年6月，崭新的水晶宫建成并由维多利亚女王亲自剪彩开幕，而彭盖地也从此改名为水晶宫公园（图2-6）。

对于生活在19世纪中叶的英国民众而言，“水晶宫”已经成为了“新鲜事物”的代名词，因此新的水晶宫公园虽然位置偏颇，却依然吸引着众多的参观者来此寻新猎奇。然而不同于海德公园的博览会，在这里人们看到的不仅仅是那座晶莹剔透的宫殿与工业社会的成果，还有令人瞠目结舌的自然奇迹——一群实体大小的史前生物模型。促成这一展览的是英国19世纪最负盛名的自然历史学家之一——理查德·欧文爵士（Sir Richard Owen，1804～1892年）（图2-7）。

欧文既是一个受人尊敬的自然历史学者，又是一位热忱的公众教育家。他是世界上研究史前大型爬行动物化石的先驱之一，并率先于1842年基于禽龙

图2-6

竣工于1854年的新水晶宫在1936年11月30日被一场大火彻底摧毁。如今在水晶宫公园内仅能见到当年建筑的宏大基础

图2-7

理查德·欧文爵士肖像，油画，画家为亨利·威廉·皮克斯吉尔（Henry William Pickersgill 1782-1875年）

（Iguanodon）、林龙（Hylaeosaurus）与斑龙（Megalosaurus）三个物种的化石首次发明了“恐龙”（恐怖的蜥蜴，Dinosaur）一词。他亲眼目睹了英国民众对世界博览会中五光十色的展品所表现出的巨大热情，并由此而产生了向公众全面系统地展示自然世界无穷奥妙的想法。于是，在水晶宫决定择址重建的时候，欧文立刻意识到这是一个不容失去的良机，并随即联合另一位地质学家——大卫·托马斯·安斯蒂德（David Thomas Ansted）教授向帕克斯顿提出了在园区内建立一个恐龙角（The Dinosaur Court）的想法。对一切新鲜事物都充满了无穷好奇心的维多利亚时代使帕克斯顿无法说不。三人一拍即合。随后，由欧文提供生物化石复原样本，安斯蒂德提供地质学建议，帕克斯顿设计水景循环系统，并最终由雕塑家本杰明·沃特豪斯·霍金斯（Benjamin Waterhouse Hawkins）持刀创作，在1852～1854年间，33件实体大小的古生物模型，被惟妙惟肖地布置在一片模仿史前环境的水泽之中（图2-8）。

为了宣传这一匪夷所思的展览，欧文早在1853年新年元旦就首先揭幕了最先完成的三只恐龙模型。可以猜得出来，那就是帮助他定义“恐龙”的三个最早的样本。这其中，禽龙尚没有彻底竣工，于是就在这条恐龙那尺寸足够大的肚子里，欧文与20位维多利亚时代的社会名流们欢聚一堂，共进晚餐。这就是历史上非常有名的恐龙晚宴，人们举杯庆祝这开幕在即的新展览与日后必定引起轰动的古生物学新发现。

1854年，恐龙角向公众正式开放了。这是在英国，乃至全世界第一次展示史前生物个体全貌的展览。虽说叫恐龙角，但这里事实上囊括了19世纪及之前英国学者在整个古生物学领域最重要的发现。前来观看这些“盘踞”在公园南侧绿树浓荫中的怪兽，人们可以沿着弯弯曲曲的环湖小径依次看到古生代小岛、中生代小岛和新生代小岛上那恐怖而又神奇的十四五种史前生物。在古生代小岛上，相貌奇特的二齿兽如乌龟般趴在岸边打盹，古老的迷齿类蝾螈探头探脑地隐伏在水边草丛中张望（图2-9）。在中生代小岛上，禽龙舒服地将前肢搭在枯木上斜倚着休息，林龙顶着背上的一排长刺四处溜溜达达，鱼龙瞪着空洞的大眼睛呆呆地趴在水面上，身后沧龙阴险地四处窥探，蛇颈龙似将长长的脖子甩来甩去，翼龙小心翼翼地落在湖滨乱石上晒晾翅膀，史前鳄鱼则张开大嘴慵懒地晒着太阳，而在当时被错误复原的斑龙如同大象般雄赳赳地站在小山坡上（图2-10～图2-12）。

图2–8

本杰明・沃特豪斯・霍金斯为恐龙角雕塑所作的草图

图2–9

恐龙角古生代小岛——两只迷齿类蝾螈分别位于左右两侧，中间和右侧后方为两只二齿兽

图2-10

恐龙角中生代小岛——两只禽龙位于左侧，右侧为林龙，中部远端可以看到翼龙的雕塑

图2-11

恐龙角中生代小岛——两只庞大的鱼龙分别占据前景与背景，位于中间的是一只身材玲珑的蛇颈龙

图2-12

恐龙角中生代小岛全景——左侧中远景中可见如大象般站立的斑龙雕塑

在新生代小岛上，无防兽与始祖马悠闲地在湖边休憩，大懒兽将自己攀附在树干上贪婪地寻觅着枝梢上的嫩叶，而大角鹿则站在高高的山坡上高傲地昂首远眺（图2-13～图2-15）。

不用说，恐龙角彻底取得了成功。瞪大了眼睛的英国百姓对此又是趋之若鹜。成千上万的人们蜂拥而至，他们不但在那些巨大的雕塑面前为之惊叹，而且疯狂地购买迷你模型作为纪念品。欧文为这次展览特地撰写了游览指南——《史前世界的地质状况与居民，1854年》（Geology and Inhabitants of the Ancient World，1854），而这本小册子有可能是历史上第一份面向大众的古生物学通俗出版物。维多利亚女王与阿尔伯特亲王同样对这一展览充满了兴趣，他们不但参观了展览，而且访问了模型制造工厂，并与主创者们会谈（The Dinosaur Court，网络资源）。大概是被古生物学在公众与皇室成员中所激起的无穷兴趣所激励，一个崭新而大胆的想法又在欧文的脑子里朦朦胧胧地勾画起来：如果我们能有一个真正一流的自然历史博物馆来展示真正的标本而不是模型，那该是多么美好的事呀！

那年，欧文50岁，距离他命名恐龙刚刚12年的光景。

图2-13

恐龙角新生代小岛上的无防兽一家

图2-14

恐龙角新生代小岛上的大懒兽

图2-15

恐龙角新生代小岛上的大角鹿一家

镌刻时光 —— 博物馆建筑随感

—— 吕芳青

“如果博物馆有一个文化的角色不同于主题公园，这个角色就是：让我们在一个接纳继承了关于时间和场所这类常识性概念不断充盈丰富的世界里，寻找自己，有所发现。”

——《博物馆时间机器：陈列文明》，鲁默力·罗伯特[①]

我们人类生活在物质的世界里。包围我们的事物都由物质组成。我们穿衣，我们饮食。这些事物，从精致小巧的珠宝饰品，到高耸入云的房屋建筑，维系着、记录着人类的生活。这些纷繁复杂的事物，作为媒介，无时无刻不在讲述关于人类生活的故事。

第一话题　时间与生活

我们每一天看着时间从眼前流过，有没有想过：时间是什么？在《剑桥叙事学导论》一书中，作者阿博特介绍道，时间，作为一个抽象的哲学概念，包含两个层面的意思。无论是中国的古人观察日月天象，或是西方中世纪机械钟表的发明创造，都记录了一种关于物理的时间。它是线形的，客观的，悄无声息的，向前行走的。而另一种时间，则被称为“人类的时间”。[②]它是非线性的，主观的，轰轰烈烈或者平平淡淡的，循环往复的。人们通常使用记叙的表达来记录发生在生活里的不同事件，于是，任何这样的一种记叙事件的表达就记录了“人类的时间”。它可以短到人的一个日常动作，也可以长到人的整整一生。在这样的一种“人类的时间”里，“物理的时间因人们叙事的行为习惯而成为了人类的时间；而叙事，因它描述了在不同物理时间里发生的事件，对这些事件存在的记录使得记叙有了不同寻常的意义”。[③]

就像我们人的一生，无论有没有我们的存在，物理的时间都不受影响。而

① 翻译自：Lumerly Robert. *The Museum Time-Machine: Putting Cultures on Display*[M] :18.

② 翻译自：利科·保罗.叙事与时间[M].卷一 :3.

③ 翻译自：利科·保罗叙事与时间［M］.卷一:3.

“人类的时间”其实就是我们每个人的成长史，每个国家的成长史，也许，是地球区别于月球和其他星球在银河系里的成长史。无论有没有将这样的成长史以记叙的方式记录下来，我们走过的路，看过的风景，经历过的每时每刻，都会对我们自己的“人类的时间”产生影响。

第二话题　知识匣子与时间机器

在18世纪启蒙运动以前的岁月里，博物馆起初是贵族们展示个人收藏的“好奇柜子”。[①]随着社会的变迁与发展，第一批公共博物馆作为启蒙运动的产物出现在欧洲。在随后的19～21世纪，越来越多的公共博物馆出现在我们今天生活的世界里。而博物馆建筑的形式也早已从最初单一的“好奇柜子”发展到各种各样有趣而丰富的空间。其实，在我们流连忘返于那些形式各异、令人眼花缭乱的空间里时，也许一直未曾察觉，令博物馆建筑独特于其他现代建筑的因素并不是那些早期独具个性的柜子或者是迂回婉转的建筑空间。博物馆建筑之所以独特，是因那些陈旧的，大部分以“碎片”形式呈现在我们眼前的——永久性的展品。于是，不同类型的博物馆也因它所包含的展品而得以命名：艺术博物馆，考古博物馆，历史博物馆，自然博物馆，等等。也许这些博物馆里的大部分展品都不像达芬奇微笑中的《蒙娜丽莎》或是断臂的《维纳斯》那样举世闻名，它们朴素，低调又沉默。然而，在这每一件永久性的展品身上，都包含着我们祖先和前人的“人类的时间”，包含了世界其他民族祖先和前人的“人类的时间”。它们作为联系不同时光的唯一的物质媒介，留存了下来，给我们讲述它们在这些变迁的岁月里经历的故事，让我们了解过去的文明与生活。

而更加幸运的是，当这些来自不同时光里的展品被收集、选择、陈列到一个共同的空间里的时候，我们以一种前所未有的方式，看着这些来自不同时空里的文明“使者”们，独立地，又是互相联系地“生活”在一起。在这样的空间里，时间不再是一个个孤立的、属于过去的片段，而是一个由片段相互交融组成的，对话中的连续体。就如福柯说的那样：“不同于收集每一件事物这样的观点，而是去创造一种通用的文档，一种把所有值得纪念的重要的日子、形式、风格都囊括其中的渴望，把所有这样的时间都带到了一个空间里，而同时这个空间又不受它本身存在的这个时代的影响，不会因为这个时代的发展而逐渐变得陈旧不堪。因为这个空间以一种近乎永久而又不受限制的计划在进行着收藏，正是这样的特性使得这个空间又能够完完整整地留存在当代生活的视野之中。”[②]

于是，在这样的建筑空间里，我们不仅仅是像在主题公园里那样随性地游览；在与永久性展品的互动当中，我们看见不同文明的冲突与融合，我们体验故人们的生活，我们不断收获新的知识并有所启发。我们学习着、经历着、丰富着。我们站在现在，从这些娓娓道来的故事里，看见了过去，想象和展望我们的

① 翻译自：Cabinet of Curiosities.
② 翻译自:米歇尔·福柯.其他的空间：乌托邦与异托邦［J］.反思建筑：350.

未来。博物馆就像是一座巨大的承载着“人类的时间”的时间机器，以一种不可思议的方式超越了当前的“物理的时间”，而又永久地存在于当代的“人类的时间”里。

第三话题　人类的精神家园：世代相传的文明

我们每一天的生活，既是物质的，又是精神的；既是独立的，又是具有社会性的。就像是那每一件陈列中的永久性展品，从耕地的工具到工业时代的汽车轮船，从围在身上的一张粗布到精细缝制的衣饰，无不深深反映着每个时代人们对于生活的理解与表达，对于美的发现与创造。由不同的有形材料制成，并以不同的有形形体呈现，这些不会说话的展品都包含着关于人的启示，传达展示了在不同的岁月里人们发明与创造环境的智慧与能力。非物质的文明，就是在一件又一件由物质所制造的展品中传递出的一层又一层的启示的叠加之上所形成的。

而建筑，作为不同于永久性展品的永久性物质空间，它又是怎样帮助这些意义非凡的展品传递关于文明的启示的呢？你瞧伦敦自然历史博物馆的大中庭屋顶，那一张张以绘画方式呈现的五彩缤纷的顶棚代表着陈列在博物馆里的每一种植物和动物；你瞧博物馆的外墙上面，竟有着许许多多活泼生动的动物和植物浮雕若隐若现，就好像是离开了它们曾经生活过的大草原、大森林，这幢叫做自然历史博物馆的房子给他们提供了一个专门为它们建造的新环境。它们来自不同的时空，聚在了一起，为我们讲故事。我们听过了故事，收获了新的知识，于是，当我们回到我们日常生活的世界里，我们把这样的体验讲述分享给别人，让文明得到不断的继承与发扬。

年复一年，日复一日。博物馆建筑并不因为时代的变迁而陈旧，反而借用福柯的观点，因为这样有意义的收藏超越了时代，而永远地存在于不断向前流淌着的时光中。

—— 2011年9月于英国诺丁汉大学爱比屋

吕芳青博士于2012年在英国诺丁汉大学建筑学院（Department of the Architecture and Built Environment, University of Nottingham），以“博物馆建筑学”为研究课题获得哲学博士学位。她目前的研究课题为“博物馆认知 —— 距离与媒介”。

3 从布鲁姆斯伯里到南肯辛顿

3.1 奇趣之屋

在19世纪50年代，欧文已经是名满英伦的著名自然历史学家。他是皇家外科医学院的教授，桃李满天下。许多日后在自然科学界叱咤风云的人物都曾是他的门徒，这其中就包括达尔文的忠实拥趸——人称“达尔文的牛头犬”（Darwin’s Bulldog）的托马斯·赫胥黎（Thomas H.Huxley，1825～1895年）和牛津大学自然历史博物馆的创始人——亨利·阿克兰德（Henry W. Acland）等。然而，对解剖学及古生物学的巨大兴趣，使得欧文更愿意专注于院内博物馆的收藏品而不是真正的临床医学。在1856年，他被大英博物馆（British Museum）任命为自然历史部的督管（Superintendent）（Girouard，2005：7）。在那里，他有机会接触到了更大规模的标本收藏，同时也给了他实现建立一个独立自然历史博物馆梦想的难得机遇。

读到这里，了解或者去过大英博物馆的读者可能会觉得有些疑惑。这是因为如今大英博物馆内的收藏基本由来自世界各地的人文历史方面的展品构成，而关于自然历史的展品只在位于大厅右侧的国王图书馆展厅（King’s Library）中有极少量展出，可谓微不足道。那为什么当年欧文作为一名自然历史学家会来到这个似乎与其专业不太对口的机构工作呢？而欧文心目中的自然历史博物馆又和大英博物馆有什么联系呢？为了回答这些问题，我们需要对大英博物馆的历史进行一个简单的回顾。

17世纪注定要在英国的历史上写下浓墨重彩的一笔。1642～1651年的英国内战使得英国彻底由一个封建君主制国家转变成了现代资本主义议会制国家。而随后被充分调动起的社会生产潜能点燃了工业革命的火种，并将英国逐步推上世界第一强国的位置。与工商业一起发展的是对自然科学的重视。这是因为，无论是从发明创造新式机器暨进一步提高生产效率的角度来看，还是从开拓海外市场与海外原材料生产地并导致地理新发现的角度来分析，自然科学都是与商业利益和产业扩张实实在在联系在一起的间接生产力。于是，在当时的社会上，去大学学习与大自然有关的知识逐渐变得流行起来。可是，在那个自然科学还没有被完全定义为一个独立学科的年代，多数对动植物有兴趣的年轻人只能选择进入医学院学习。而在那些莘莘学子中，有一个来自爱尔兰的青年，他不怎么喜欢下工夫去背诵教授们的解剖学讲义，而是更愿意整日泡在花园中与各种各样的植物和昆虫打交道。这个学生叫汉斯·斯隆（Sir Hans Sloane，1660～1753年）——日后大英博物馆的奠基人。

斯隆生在爱尔兰的一个比较卑微的家庭，然而天资聪睿的他靠着自己的努力，一步步成为了一个合格的医生并逐步跻身于上流社会。在学习与行医的过程中，对大自然各种物种的无穷兴趣使得斯隆特别乐于收集各种标本。他在24岁时就被选为皇家学会成员，并在1687年作为刚被任命为牙买加总督的阿尔比马尔公爵二世（2nd Duck of Albemarle）的私人医生，随行前往牙买加常驻。斯隆在牙买加立刻就被当地那千姿百态的热带动植物迷住了。他几乎利用自己所有的业余时间四处旅行，收集记录各种植物、动物、化石、矿石等一切与自然科学有关的标本，并仔细绘制了大量漂亮的图版。然而，年仅35岁的公爵在到达牙买加后不久就逝世了，这也使得斯隆的任期最终缩短为仅仅15个月。可就在这不到一年半的时间里，斯隆逐渐建立起了自己独一无二的自然标本收藏。在回到英国后，他很快就将自己的房子用在牙买加收集到的800多种标本满满当当地“装点”起来。斯隆自己很享受这种被藏品所包围的感觉，而他的官邸也在当时被上流社会认为是非常值得拜访的奇趣屋（Cabinet of Curiosities）之一。

说到奇趣屋大家可能会有一点陌生。这是对欧洲16世纪收藏风尚的一种统一描述。当时欧洲的主要国家已经先后进入了文艺复兴盛期。随着人们，尤其是上层社会，文化水平的提高，越来越多的人开始将自己的财富用在收藏上面，于是便有一种专门摆满了各种藏品供人欣赏的小房间在达官贵人的府第中出现了。早期的奇趣屋多由上层社会建立。他们虽然对收藏很感兴趣且略知一二，但却不会把藏品按特定的规律整理展出，因此奇趣屋便往往“勾勒出一种不可救药的古怪，是一种由随机摆在一起的毫无联系的标本与本质上杂乱无章的行为所构成的胡乱组合”（MacGregor, 2007：11）。这其中最典型的（也是最早的）一个例子是由意大利那不勒斯的药剂师费兰特·因佩拉托（Ferrante Imperato）在1599年出版的《Dell’Historia Naturale》中展示的自己的奇趣屋图版。从图中可见，他的奇趣屋将毫无联系的大量动物标本混杂在一起展示：鹭鸶（鸟类）与犰狳（哺乳动物）同站在右边的展架上；屋顶上的鳄鱼（爬行动物）被贝壳（软体动物）、龙虾（节肢动物）与蛇尾（棘皮动物）所包围；左边的屋顶上我们可以看到海象（哺乳动物）、几种鱼类、几种海星（棘皮动物）与其他物种混淆在一起；而最有意思的是在右侧顶棚顶角处，一只拥有两个下半身的畸形蜥蜴也被当做特别的物种展示出来。很显然，对收藏的热情与对藏品的解读在早期奇趣屋中并没有得到很好的平衡（图3-1）。

图3-1

意大利那不勒斯药剂师费兰特·因佩拉托的奇趣屋图版

随着奇趣屋在社会上流行开来，这种新鲜的收藏方式也渐渐被学者所注意，而他们的知识可以多少保证屋中的收藏得到更好的归类总结与更明晰的展览组织。发表于1655年的丹麦学者奥利·沃姆（Ole Worm）的奇趣屋图版是新一代奇趣屋的典型代表。在图中可见，虽然似乎没有因佩拉托的小屋看上去那么具有视觉冲击力，但是在沃姆的小屋中所有的标本都被按照一定的标准加以分类：在右边的墙上，龟壳、鳄鱼与蛇皮等爬行动物展品被集中摆在中间，而底层架子上的展品也被详细归类并贴上了标签。虽然这种分类依然非常粗糙——我们可以明显发现企鹅、鲎（节肢动物）与锯鳐（鱼类）的吻突在右侧上层展架上被唐突地摆在了一起，而且北极熊、鲨鱼、安康鱼和水鸟被一同挂在了顶棚上，但这毕竟在科学发展的早期是一种非凡的进步（图3-2）。

斯隆的奇趣屋也多少与沃姆的小屋有些相似，似乎有些分门别类的规律可循但是却又不甚明显。然而，与沃姆那小小的半间屋相比，斯隆的收藏规模要大得多。在之后的几十年里，斯隆都一心扑在整理并描述这些收藏上面，而随着名声与财富的与日俱增，他也得以能够不断地通过交换与购买来扩大自己的收藏。斯隆的“大”奇趣屋吸引了大量精英阶层来拜访。虽然广受盛赞，但是他的归类整

图3-2

丹麦学者奥利·沃姆的奇趣屋图版

理艺术却似乎一直没有什么提高。1736年，著名的现代分类学奠基人——瑞典的植物学家卡尔·林奈（Karl Linnaeus）来到斯隆的奇趣屋参观，但是失望地表示这里的收藏“完全没有秩序”（Thackray，2001：16）。但是斯隆却对此评论不太上心，因为在他看来，积累收藏与将之整理入册才是最重要的事情。

1753年1月11日，92岁高龄的斯隆与世长辞。在临终前他特意组织了一个专门的委员会来处理那庞大收藏的未来归属问题，并在遗嘱中特别强调要尽可能地保证收藏的完整性，保证他的声名，且最好能以20000英镑的价格卖给国家。最终，议会同意了斯隆的遗嘱并用乐透彩票筹集的钱购买了整个收藏。人们后来在1755年把这批自然历史收藏存放在位于伦敦布鲁姆斯伯里区（Bloomsbury）的一栋叫做蒙塔古大厅的房子里（Montagu House），这就是最早的大英博物馆——一座实际上由自然历史展品奠定其基础的伟大博物馆（图3-3、图3-4）。

图3-3

蒙塔古大厅的早期水彩渲染作品，作者不详

图3-4

靠近蒙塔古大厅入口处的大台阶以及位于顶端的自然历史类展览。该水彩渲染展示了大英博物馆在1845年左右时的内部场景，画家为乔治·斯卡夫（George Scharf，1788~1860年）

3.2 窘迫现状

国会选择蒙塔古大厅主要是由于它的价格便宜，其实这栋大房子的质量从一开始就不令人满意。在不断的修修补补之中，斯隆的收藏在这里待了近85个年头。可随着建筑不断老化与展品不断增多，从19世纪20年代起，政府终于开始认真地考虑彻底放弃蒙塔古大厅，并用一座“从外观上看上去更像一个值得这个伟大国家为之感到荣耀的机构”（Thackray，2001：38）的建筑来重新树立大英博物馆的形象。对希腊复兴十分痴迷的建筑师罗伯特·斯莫克（Robert Smirk）最终被选中来设计这座至关重要的建筑。1823年，斯莫克的四合院式平面布局在国会得到批准。在接下来的23年时间里，一个拥有稳重的爱奥尼式柱廊和典雅山花的新大英博物馆，在斯莫克的领导施工下一点一点地逐渐成形了（图3-5）。

图3-5

竣工于19世纪中叶的新大英博物馆内部场景。该水彩渲染展示的是动物学展廊，作者不详。展廊采用了天窗采光，位于两侧的玻璃展柜中布满了鸟类标本，柜顶上放置着鹿科动物头骨，而位于中部走道两边的展橱中展示的则是贝类等软体动物

新的大英博物馆还是位于布鲁姆斯伯里区，离蒙塔古大厅非常近，这一点非常有利于大量展品的转移运输。由于新博物馆是分阶段建设的，实际上很多展

品在19世纪20年代末就开始向新馆转移了。而在1850年，随着最后一批展品陆续运抵新馆，蒙塔古大厅也终于完成了自己的使命，在同年被彻底拆除了。在新的大英博物馆中，自然历史收藏品占据了二楼东、南、北三面的展廊，几乎是整个展馆面积的三分之一。与其他人文历史展廊的规模相比，自然历史部分不能不说是一个重要的组成部分。然而，自然历史部的科学家们在博物馆的管理层面上却并不很受重视。这一来由于当时的英国学术界里正弥漫着一股从基督教的角度抵制科学研究的风气；二来是因为自然历史部的学者们在博物馆的最高18人常务管理委员会中仅占了两席，其余的则都来自人文考古学部。可最让博物馆高层感到尴尬且恼火的是，随着阿尔伯特王子向大众普及科学文化知识的计划在1851年水晶宫博览会前后逐渐展开，越来越多来自社会下层的工人与普通市民来到大英博物馆参观。他们大多欣赏不了古希腊与古罗马的精美雕塑，但却都对狮子、老虎等动物标本很感兴趣。这种阳春白雪与下里巴人般的对比，使得某些高层片面地指责自然历史部那些“幼稚”的展品破坏了大英博物馆那高雅圣洁的学术氛围。可事实上真正使他们不满的是博物馆这个原属于社会精英阶层独享的领域，突然由于自然历史展品的存在而被下层劳动人民“入侵”。博物馆的时任馆长安东尼·帕尼兹（Anthony Panizzi）是个口无遮拦且极度自负的学究。他就曾毫不掩饰地表达了自己对自然历史部的厌恶：“自然历史部最好一股脑离开大英博物馆，这样的话我们这里就会变得少些臭味，多点宁静且更有学术气氛”（Thackray，2001：47）。

被偏见所笼罩的自然历史部在大英博物馆中注定要被排挤，因此他们急切地需要一个拥有坚强性格、过人声望与非凡魅力的人来为其应得的待遇而斗争。终于在1856年，如前文中所提到的，理查德·欧文以其超群的社会影响力与学术成就被任命为自然历史部督管，而他在这里接下来的几十年间可谓是不辱使命。

然而事情并非发展地一帆风顺。当欧文最初上任的时候他并不清楚具体状况到底是什么样子，而他的同事们最初也没有过多地期待他会为自然历史部带来什么翻天覆地的变化，可他的职位对于大英博物馆而言却是个新的尝试。之前博物馆内的自然历史收藏被划归地质学、动物学、植物学与矿物学四个相互独立的部门所有，而四个部长又分别只对博物馆总馆长负责，之间并没有工作关系。很显然，这种分裂状态对于在科学上本无法分割的自然历史收藏而言，无论在展览协调还是研究合作上都很不利。因此，起初博物馆希望借设立自然历史部督管一职，来将四个独立的单位联为一体。初来乍到的欧文并没有花多长时间就体会到了他所处职位的尴尬。向下看，并不是所有的分部部长都愿意买他的账，大家都宁愿通过保持相对独立来保证自己在各分部内的权力不受冲击；而向上看，帕尼兹对欧文的到来很不高兴，他显然也不希望自己在馆内说一不二的大权被这个新来的督管瓜分。欧文事实上被架空在中间。他拿到了更高的薪水与名义上更高的职位，但却丢掉了自由舒心的工作氛围。面对工作上的困难，性格倔强的欧文并没有气馁。他没有选择向自己上司抗议或向自己下属发号施令等简单粗鲁的方法，正相反，欧文很敏锐地发现并利用了四个部门共同的诉求来将大家团结在一起。而这一共同诉求则正是由于不受馆内重视而导致的展示、储藏与工作空间的极度窘迫。

除了在管理层面上不受重视，自然历史部增长过快的标本收藏，也使得空间困窘问题雪上加霜。维多利亚时代的英国殖民地遍布全球。它号称日不落帝国，其意味着太阳在一天内无论何时都照耀着地处不同经度上的帝国领地。庞大的殖民地与持续不断的海外探险将世界各个角落的奇珍异宝源源不断地运回本土。这其中绝大多数都是自然历史标本。这种情况直接导致了大英博物馆分给自然历史部那原本就不宽敞的空间愈发显得紧张。标本越来越多，参观者越来越多，而空间却不见扩大，这使得科学家们不得不忍受恶劣拥挤的工作环境。动物学部部长约翰·爱德华·格雷（John Edward Gray）就抱怨说："自1836年来动物学收藏增加了10倍，而为之提供的馆藏空间则仅仅扩大了3倍。在潮湿拥挤的地下室里，许多极有价值的展品被藏在了橱柜抽屉之中，而展柜中的展品相互挤在一起，以至于后面的标本竟会完全被前面的遮挡起来。我们甚至不能再接受新采集的大型标本了，那是因为我们根本没有地方去安放它们"（Thackray，2001：55）。欧文被震惊了，上任刚一年，他就在1857年1月7日报告说："在自然历史部下属的几个部门中，新增标本的比率一直在攀升：仅在1856年，动物学部就增加了33769件标本，而地质学与矿物学标本则增加了6700件。"（Natural History Museum, Archive）显然，他意识到这种不公平的状况必须得到改善。但正当所有人都以为他会顺理成章地向博物馆提交需要更多空间的正常申请之时，在欧文脑子里酝酿的却是更加惊人的计划——申请建立一个新的，独立的自然历史博物馆。

在他担任自然历史部督管两年后，120位著名科学家在1858年联名向当时的首相本杰明·迪斯雷利（Benjamin Disraeli）上书，申述大英博物馆内自然历史部空间严重短缺的问题，而欧文的名字并没有出现在申述信上。这大概是因为其博物馆高层职员的身份使得他不便出面公开指责博物馆的硬件条件，但如今大家普遍认为欧文正是那次联名上书的幕后推手（Girouard：8）。政治家自然认识到了事情的严重性。国会理论上同意展览空间必须得到扩大。但如何去做？是新建一座博物馆，还是将原有的老馆进行扩建？这必须经过广泛的讨论与咨询后方能定夺。此时欧文的身份使得他的意见变得至关重要，而他也自然不会轻易放弃这次难得的机会。在1859年年初，欧文向大英博物馆董事会提交了另建一处新的自然历史博物馆的报告，随附的还有一张他亲自绘制的未来博物馆设计草图（Girouard：9）。

3.3 初步构想

欧文的草图在建筑师的眼里显得十分业余，线条凌乱且比例失调。然而作为一个从未接受过建筑学教育的人，他对未来空间组织使用的构想却十分周到。虽然绘图潦草，但欧文自己对博物馆的想法了然纸上。他一共做了两稿。初稿成图于1859年1月29日，修改稿成图于同年2月8日。但在两张图纸上，四个最为显著的特点均可以清晰地被总结出来，如图3-6、图3-7所示。

首先，建筑的正立面应当宏伟，可为多层，主要用作办公与研究空间。门前的大台阶一定要恢弘、有气势，其长度甚至可达到整个立面的三分之一。

其次，位于建筑正中的入口大厅应为圆形。按照19世纪普遍的建筑设计，这

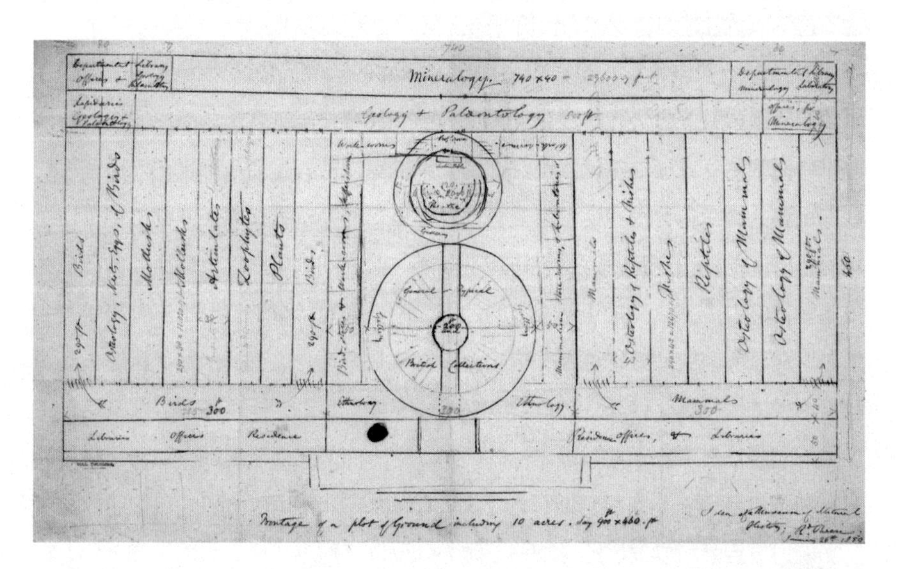

图3－6

欧文完成于1859年1月26日的未来自然历史博物馆平面草图

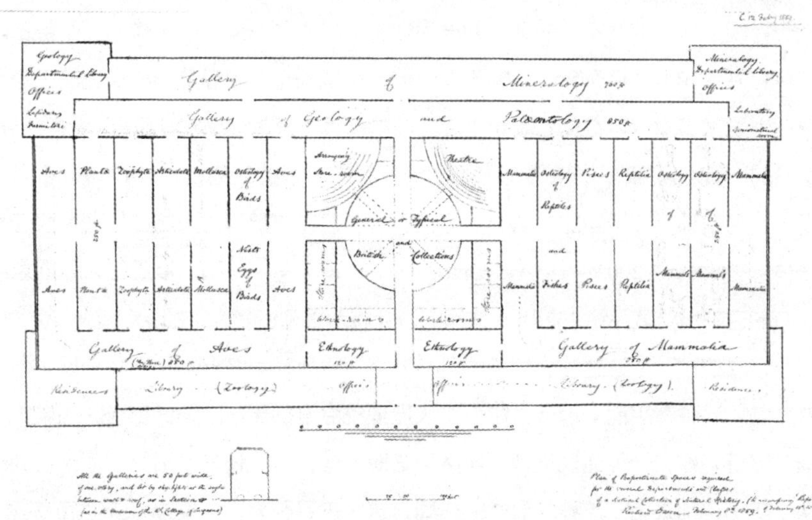

图3－7

欧文完成于1859年2月8日的自然历史博物馆平面图修改稿

图3-8

查尔斯·达尔文肖像，照片

意味着一个巨大的穹顶将会主宰建筑的主题风格。可以想象，高耸的穹隆顶在外将会统治博物馆所在地的天际线，使人们从任何方向都可望见；在内则会被自然主题的壁画与雕饰装饰得金碧辉煌，从而留给参观者不可磨灭的第一印象。

再者，位于入口大厅之后的则是装配有半圆形阶梯听众席与讲台的公共教室。在初稿中，这是一个小型圆厅，而在修改稿中欧文将其进一步设计为一个位于中央大厅右后侧的扇形小厅。必须认识到，欧文是个热心于公共教育的科学家。除了研究之外，他在多年之前就已开始设立免费课程向普通公众讲授自然科学知识。因此，如此新的自然历史博物馆内定然不能少了大讲堂。

最后，位于中厅两侧，藏于正立面之后的则是如梳子齿般并行排列的一系列单层展厅——依次展出不同的自然历史主题。在19世纪中叶电灯尚未被发明，因此所有展厅必须依靠自然光源。而凭借在大英博物馆的长时间工作经验和当时已积累起来的展览建筑设计知识，欧文知道天窗采光是最为合理的一种选择，但这也不得不以牺牲建筑容积率为代价——多层展廊无法实现。

综合以上四点特征，可以想象得出，欧文的自然历史博物馆是一个主要在二维平面上铺开的庞大建筑。它的大部分空间都将被用于展示，而在博物馆建筑中十分重要的，甚至往往比展览空间还要大的储藏空间将会被布置在地下室和一些不重要的犄角旮旯里。这看上去有一点奇怪。作为一名在大英博物馆中工作了相当长时间的部门主管，欧文不可能不知道储藏空间的重要性，甚至他自己在大英博物馆的办公室就是位于储藏室的包围之中。那为什么这位经验丰富的学者会单单削弱了储藏空间的地位呢？事实上，欧文是有意为之——他希望建造一座百科全书式的博物馆，使公众与科学家都可以平等地接触到所有馆藏。欧文这一特立独行的想法其实源于他对进化论的怀疑。这一点尤其值得重视。1859年11月24日，英国自然历史学家查尔斯·达尔文（Charles Darwin，1809～1882年）发表了影响世界自然科学发展的《物种起源》。而欧文对书中所提出的生物进化、物竞天择观点持有截然不同的看法并成为达尔文的主要论敌之一。作为一个整日研究化石并深知地球亿万年历史的学者，他不可能同意《圣经》中所描述的上帝七日创世说，但对于可在化石收集中观察出的持续不断的生命进化证据，他宁愿相信“这一自然规律（生物进化）是上帝的意愿，因此新的物种才能得以不断出现……而这种持续不断的‘创造’恰恰使科学可以与那最为崇高的伦理探索连为一体”（Yanni，2005：115）。因此，为了体现这一“上帝的意愿”，他愿意将所有的自然历史藏品悉数搬出，从而向公众展示上帝的伟大（图3-8）。

欧文的这种想法并非首创。很可能是受到水晶宫那集万物于一隅的展览模式的影响，这种在平面上铺开并由一个大屋顶统治全部展廊的设计在当时的展览界非常流行。作为一种建筑类型，自然历史博物馆在当时还并不常见，可仅有的一两个实例也都采用了这种开放式的格局。这一来是因为在分类学尚未彻底完善的

19世纪中叶，能拥有一个大空间将十分有助于摆放标本和展开比较研究；二来是由于这种被同一屋顶统治的氛围很适合“平等地”展示上帝所有的创造，从而颇受基督教主流思想的推崇。

完工于1860年的牛津大学自然历史博物馆就是一个非常典型的例子（图3-9、图3-10）。这座由建筑师托马斯·迪恩（Thomas Deane）和本杰明·伍德沃德（Benjamin Woodward）设计的中等规模的博物馆，在其创始人——欧文的学生亨利·阿克兰德（Henry Acland，1815～1900年）看来，主要应被用作大学的教学研

图3-9

牛津大学自然历史博物馆内景——开放的大展览空间充分体现了创世说的思想

图3-10

牛津大学自然历史博物馆外观

图3-11

托马斯·赫胥黎肖像，摄影师为W&D 唐尼（W&D Downey）

究设施，而不是向公众开放的博物馆。但尽管如此，一个理应倾向于科学的建筑还是被烙上了深深的宗教痕迹。它的立面很朴实，在中间高耸起的塔楼两边，各是三层由六个开间的哥特式窗户装饰起来的办公用房，而在这个古朴的立面后面却隐藏着一个建筑风格完全不同的单层大厅。大厅几乎为正方形，四周在二层的高度上有一圈跑马回廊，中间则是一个由铸铁柱子与玻璃天窗构成的迷你版水晶宫。柱子也是哥特复兴风格，四个一组构成了哥特式的集束柱，一共有30组。其中，以7组柱子为一排，柱间设展柜，将大厅分为了五个平行的展廊，最后剩下的两组柱子分别位于中轴线的两端，与其余各排柱子的端头对齐，用来加强对中间较大展廊的空间控制。柱身装饰繁冗，相邻的两排柱子自柱头向上便向两边分为两枝大券，并在各条展廊中部上空交汇成高大的哥特式尖券。券间密布铸铁格栅，上覆玻璃，看上去非常高贵华丽。在展览布置方面，几乎所有主要门类的自然历史类标本都可以在这五条平行展廊里找到。恐龙骨架的隔壁就是大型哺乳动物骨架，鸟类和鱼类的展柜紧紧相邻，所有的标本都被清楚地分门别类，但是却看不到任何自低等向高等逐渐演变进化的逻辑关系。很显然，造物主的伟大功绩在这里被用一种建筑隐喻加以阐述。而达尔文在一年前发表的“物竞天择，适者生存”这一逻辑则完全被忽略了，尽管当时的英国学术界甚至社会都被明显分为了挺达尔文派与倒达尔文派；尽管所有有关进化论的事物都会招来激烈的争论；尽管就在牛津大学自然历史博物馆开馆同年的6月27日，达尔文最坚定的盟友，同时也是欧文门生的托马斯·赫胥黎恰恰就在这个“展示上帝功绩”的大厅里，与牛津大主教展开了一场关于进化论的著名辩论，并把后者辩得哑口无言（图3-11）。

牛津大学自然历史博物馆内所发生的这尴尬一幕，似乎并没有动摇欧文的想法。而对于自己恩师所筹划的这个自然历史博物馆，赫胥黎也不满意。这位极易冲动的年轻学者站出来反对欧文的计划，认为一个庞大而杂乱的博物馆不会对公众教育带来任何好处，甚至大部分参观者不会对那数目众多、颇具科学价值却缺乏外观吸引力的展品有任何兴趣。相反，科学家的工作将会因为大量参观者的造访而受到严重干扰。因此，一个成功的自然历史博物馆，在赫胥黎看来，“应该包括一个对公众开放的、小型且具有典型教育意义的展馆，和一处为科学家们准备的、私密的研究中心”（Yanni：111）。达尔文与其他许多生物学家也都支持赫胥黎的看法。他们甚至要求把大部分收藏及研究中心放置在位于摄政公园内的伦敦动物园旁边，而仅仅把向公众开放的小部分展品置于新的博物馆中。这与欧文的初衷就更加大相径庭了。

对于学术观点上的不同之处，欧文当然乐于与赫胥黎等人展开争论，毕竟学术圈本身就应该是一个百家争鸣的地方。然而，不久后他们就没有闲情逸致去争论博物馆的功能问题了。这是因为新博物馆计划并非一帆风顺，经济与政治力量的巨大影响力逐步显现了出来。

3.4 舌战群僚

1860年，大英博物馆董事会以微弱优势通过了建立新的自然历史博物馆的决议（Girouard：9），但是随后的基址选择却不是很顺利。我们知道，依照阿尔伯特亲王的意愿，1851年水晶宫博览会的收入被主要用来购买位于海德公园南面的一大片叫做南肯辛顿区的街区。亲王想在此建设一处致力于科学与文化教育的中心。当然，这一计划必定会包括不同的博物馆，因此自然历史博物馆也被希望坐落于此。其实，欧文起初对南肯辛顿也并不十分满意。首先，最初被批给自然历史博物馆的用地毗邻昆士盖特街（Queen’s Gate），北靠皇家植物园，地块较为狭长，也不是很大。这使得欧文最初设想的庞大建筑根本无法如愿纳入其中。欧文的最初设想占地达到10英亩（4km^2），而现在的用地只有5英亩（2km^2）大，且形状不整，另外，与大英博物馆所处的繁华热闹的布鲁姆斯伯里区相比，当时的南肯辛顿还是一处偏远的郊区，其地理位置显然不利于普通大众的日常参观。尤其是欧文希望能够吸引工人阶级在下班后或休息日时随时来博物馆参观，如此一来偏远的南肯辛顿就更不利了。

看到了欧文的不满，那些反对另立新馆的董事们立即抓住时机向欧文抛出了另一个折中的计划，即在毗邻大英博物馆西侧的狭长地块上建立一处新的自然历史博物馆。两馆用通道相连，若即若离。这样一来，一方面自然历史展品仍能被放置于伦敦中心区，绝无交通困难之忧；另一方面自然历史博物馆仍能与大英博物馆视为一个整体，从而大英博物馆既不会被削弱，也不会与自然历史博物馆有行政管理上的纠葛。然而，这块地实在是太小了。欧文原本计划建设45000m^2的展厅，而挨着大英博物馆的这一小条空地满打满算只能提供4600m^2的建筑面积。事实上，与空阔偏僻的南肯辛顿相比，伦敦市中心的建筑已是鳞次栉比，寸土寸金，就算是拆除原有建筑，另辟一块足够大的地面去容纳欧文的方案，那也是极为昂贵的。天生谨慎的英国人为此曾在1859年特别组织了一个委员会来评估对比几种方案的可行性。当初提出的方案共有五种：

- 位于南肯辛顿的一整块5.5英亩的土地。
- 位于南肯辛顿的一整块8英亩的土地。
- 位于布鲁姆斯伯里区，围绕着大英博物馆的一整块5.5英亩的土地。
- 位于布鲁姆斯伯里区，大英博物馆南面的一整块8英亩的土地。
- 位于布鲁姆斯伯里区，围绕着大英博物馆的一整块5.5英亩土地外加上在街对面与之分离的2.5英亩的土地。

最终的结果不难猜测，如表3-1所示。

表3-1			
购买5.5英亩的土地			
位于布鲁姆斯伯里区，围绕着大英博物馆的一整块5.5英亩土地的地价	240000英镑	—	—
位于南肯辛顿的一整块5.5英亩土地的地价	—	27500英镑	—
博物馆建筑造价	567000英镑	567000英镑	—
总计花费	807000英镑	594500英镑	—
位于南肯辛顿的场地可节省	212500英镑		
购买8英亩的土地			
位于布鲁姆斯伯里区，围绕着大英博物馆的一整块5.5英亩土地外加上在街对面与之分离的2.5英亩土地的地价	390000英镑	—	—
位于南肯辛顿的一整块8英亩土地的地价		40000英镑	—
博物馆建筑造价	824725英镑	824725英镑	—
总计花费	1214725英镑	864725英镑	—
位于南肯辛顿的场地可节省	350000英镑		
购买一整块8英亩的土地			
位于布鲁姆斯伯里区，大英博物馆南面的一整块8英亩土地的地价	455000英镑	—	—
位于南肯辛顿的一整块8英亩土地的地价	—	40000英镑	—
博物馆建筑造价	824725英镑	824725英镑	—
总计花费	1279725英镑	864725英镑	—
位于南肯辛顿的场地可节省	415000英镑		

（*Nartural History Museum, Archive*）

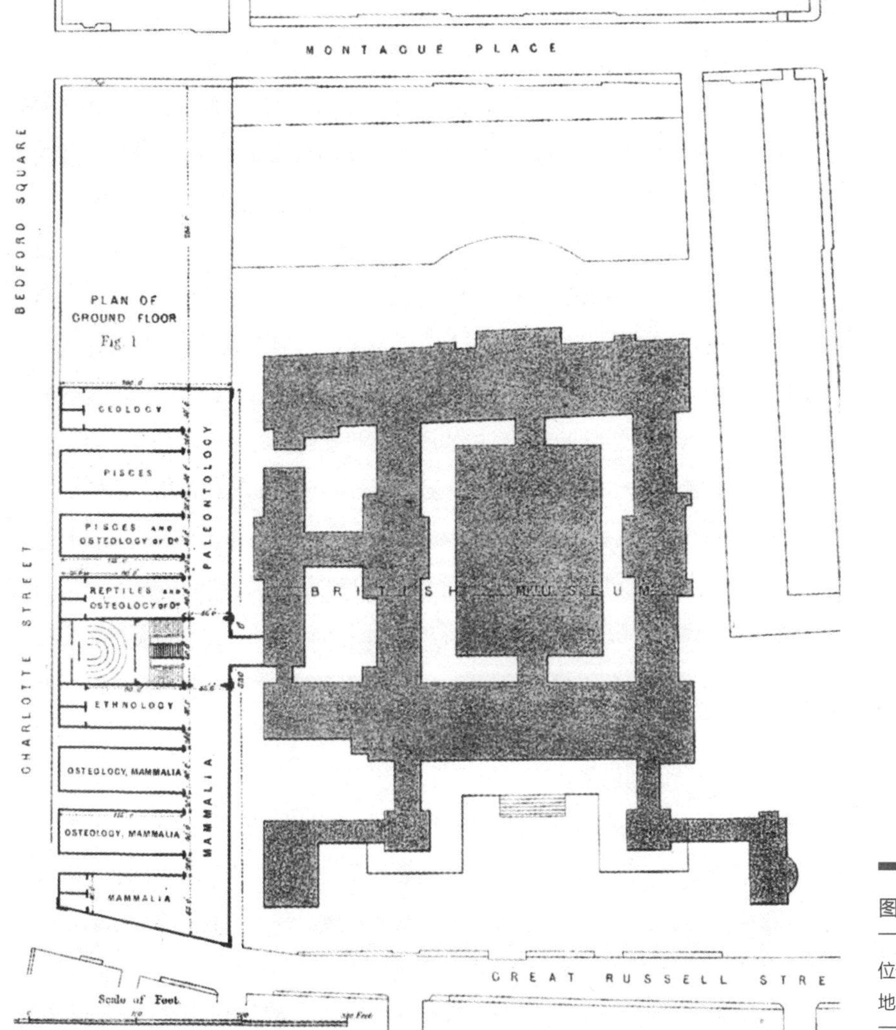

图3-12

位于毗邻大英博物馆西侧狭长空地上的新自然历史博物馆方案

很显然，布鲁姆斯伯里区的地价过于昂贵。与南肯辛顿相比，5.5英亩土地的价格相差了将近9倍，而8英亩土地的价格更是差了10～11倍之多。面对这些数据，欧文自知在大英博物馆周围扩建一个他设想中的大型博物馆一定是天方夜谭，而南肯辛顿的地块虽不理想，却要现实很多。因此，在反复权衡之后，他用一句名言回复了董事们："我深爱着布鲁姆斯伯里，但是我更爱5英亩的土地。"（Girouard：12）（图3-12）。

欧文直率而孤傲的性格注定使得他与大多数的政客不合。事实上早在1860年，他的博物馆计划就在国会遭到了苛刻的批评与反对。8月间，国会出台了一份报告直言批驳道："一个规模如此庞大的展览很可能会给公众带来完全没有必要的困惑和疲惫，并对科学工作者而言也将是障碍"（Girouard：12）。可事实上这一貌似冠冕堂皇的说辞仅仅是一个借口，国会最为关心的还是建造这个庞大博物馆可能会带来的巨大财政压力。欧文并不妥协，他不像政客般油嘴滑舌，但是多年的讲堂经历也使得他有足够的信心去舌战群僚。

他曾早在1858年就利用在利兹讲学的机会将自然历史博物馆与大英帝国的荣誉联系在了一起："我们的殖民地包含许多在地球上动植物形态最为奇特的地区。而在历史上从来没有任何一个帝国能像大不列颠这样在如此广泛的范围内收集多种多样的生物。世界各地的自然学家们不停地造访英国就是希望在她的首都，她的自然历史博物馆里找到世界上最为丰富、最为多样的标本收藏，并借此为他们的比较研究与推论提供帮助。这些收藏应该为动物学哲学的发展作出卓越的贡献，也应该与这个伟大国家相匹配"（Yanni：114）。而除了民族自豪感，欧文甚至还将欧洲发展较早的资本主义国家之间的竞争心态也拿来劝说国会的议员们："那些醉心于对所采集之物的本质进行科学辨析的旅行家与收藏家们，以及那些在他们麾下工作的，极富艺术天赋的展览设计师们和极富责任心的标本处理师们——他们的热忱都已经或多或少地被展廊中那日益拥挤不堪的现状消磨殆尽了。在这种困难条件下，博物馆馆长最大的苦恼就是对他们所提供标本的选择，并只能出资购买那些真正稀有的标本。而这些标本，就像奇货可居的商品，往往都集中在少数几个收藏家的手里，可他们的顾客却是全欧洲的多家国家级博物馆。于是在这些博物馆馆长之间——为了优先获取到这些稀有的标本，为了促进或是及早满足他们各自所在国家国民的好奇心，为了获得能够仔细研究这些证明创世神力的新证据的机会——必然存在着激烈的竞争"（Owen，27.Oct 1859）。除此之外，他还将自己的赌注压在了日益壮大的中产阶级身上。欧文首先辩解说如此巨大的博物馆将会是"人类文明发展进程中所取得的成就的物质标志"，也会"使世界上最伟大的商贸与殖民帝国增添荣耀"。随后他又补充道："这一商贸与殖民帝国创造了大批对自然历史充满了兴趣的中产阶级。这些业余自然学家拥有时间、知识及大量的标本，他们自然需要一个博物馆来协助他们在自然科学上的巨大兴趣"（Girouard：13）。

欧文的另外一项重要游说举措是在1862年主动大幅修改了他的1859年草图方案，使之适应被大大压缩的场地及预算。如图3-13所示，庞大的中庭消失了，取而代之的是小小的门廊。圆形讲堂尚在，但覆盖它的穹顶低矮而寒酸。为适应狭窄的场地，单层展廊不得不被改为了双层。在这里梳子齿状的展廊布置依旧，但改为两层一组。上层依旧采用天窗采光，但在每两组展廊之间设置了一个窄长的单层展廊以便使底层展廊也能够利用高侧窗采光，而窄展廊本身则依然使用天窗采光。

欧文处心积虑，所做的一切努力都是为了使自己的博物馆计划能够在国会得以通过。他希望能够得到皇室，主要是阿尔伯特亲王的支持。然而，亲王在1861年的英年早逝使得一切努力都几乎化为泡影。没有了阿尔伯特的强力支持，国会不但在1862年武断地否定了欧文关于博物馆规模的提案，而且连昆士盖特街的购

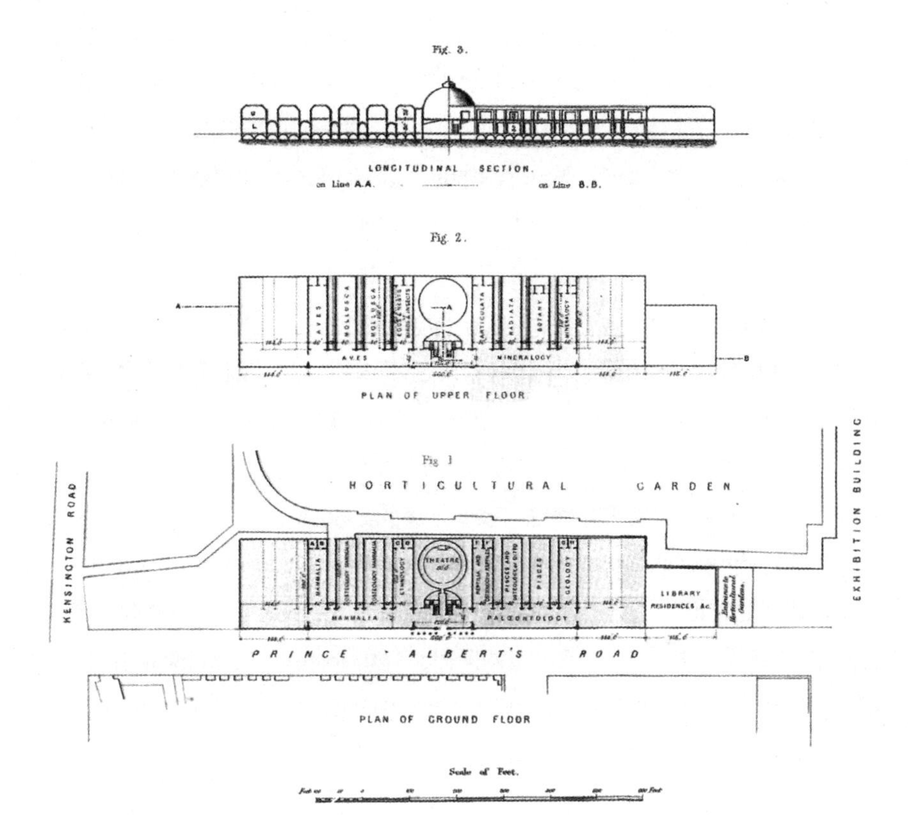

图3–13

欧文的1862年方案。博物馆位于南肯辛顿，但其体量被大幅缩减来适应毗邻昆士盖特街的局促地块

地计划都被冻结。议员威廉·格里高利（William Gregory）甚至挖苦欧文说他本人非常遗憾“一个名望如此之高的人竟会把自己同如此愚蠢、疯狂、奢侈的项目联系在一起”（Girouard：13）。

这次失败使得欧文学会了更有策略地与政客们打交道。他在国会中也并非没有战友。时任财政大臣及大英博物馆董事的威廉·格莱斯通（William Gladstone）便是他最忠实的支持者。格莱斯通曾于1861年在欧文的陪同下亲自视察了自然历史部并深知馆藏状况不容乐观（Girouard：7）。在随后的数年里，他不但负责起草博物馆建设的财务计划及估价，而且不停地为博物馆的最终实现出谋划策。在这一次争取失败后，他与欧文于1863年重拟了一份新的计划。这次博物馆用地被拟定在位于南肯辛顿南端的1862年国际博览会用地上。这里东依展览路（Exhibition Road），西临昆士盖特街（Queen’s Gate），北靠亲王路（Prince Consort Road），南邻克伦威尔大街（Cromwell Road），规模比之前的地块要大许多。与之前的场地不同的是，这里已经屹立着一栋巨大的展览建筑物——1862年国际博览会展厅，其规模庞大，即使欧文的博物馆计划在其面前也相形见绌。事实上，格莱斯通就是希望通过对现有建筑的再利用来达到降低成本的目的。他希望将场地与建筑一同买下，并通过简单改造将其直接使用为博物馆。而且为了不给国会里某些专门针对欧文的议员借口，这次的计划不光含有自然历史博物馆，还包括地质博物馆、专利博物馆、国家肖像画廊及皇家学会等一系列文教设施（Girouard：13）。当然，格莱斯通还有另一个有力的借口，那就是来自皇室的支持。在不久前刚刚失去丈夫的维多利亚女王一心希望继承自己夫君的遗愿——实现位于南肯辛顿的“阿尔伯特卫城”。新的自然历史博物馆很有可能成为这一庞大计划的一个极好开端，因此，郁郁寡欢的女王对国会早先的决定反感之至。

可能是有赖于格莱斯通的缜密考虑，新计划在接下来的进展颇有些戏剧性。首先是在1863年，国会出乎意料地顺利通过了购地计划却否定了购买建筑物的提案。其原因竟是因为该建筑的外观不讨人喜欢。这栋为1862年博览会建立的巨大建筑原是由来自于军队的工程师——弗朗西斯·福克上尉（Captain Francis Fowke）设计的。他本想利用铸铁与玻璃再续水晶宫的辉煌，但是对色彩及尺度的把握失当使得人们对它毫无好感（图3-14）。当年的《建筑新闻》（Building News）评价这座顶着一个巨大绿色穹顶的建筑是“曾经在这个国家里被建立起来的最丑陋的一座公共建筑”。而《艺术期刊》（Art Journal）则挖苦道：“它的确很大，但是它的尺度仅仅衬托出了那些金属杆件的细小及其带来的令人吃惊的效果”（Yanni：117）。事实上似乎福克自己也不太满意这件作品。格莱斯通曾委托他对自己设计的展览大厅作出评估，看其是否能够被改建成适合自然历史类展览的博物馆。可福克的答案却是否定的，在他看来，新建一个博物馆比煞费苦心地去改造旧馆多花不了几个钱，可效果却还要好得多。

图3-14

弗朗西斯·福克上尉设计的1862年博览会展馆外观，其巨大的穹顶明显不符合建筑审美比例

图3-15

拆除1862年博览会建筑

而国会之后的一系列决议则足以令欧文感受到柳暗花明的欣喜了。新的首相帕莫斯顿子爵（3rd Viscount Palmerston）决心掏钱去把这个不讨人喜欢的大家伙拆掉，留下一片干干净净的空白场地去建造新的博物馆群。随后的工程进行得非常迅速，1864年1月场地即清理完毕，紧接着，为新的博物馆群而进行的国际建筑竞赛随即拉开了序幕（图3-15）。

3.5 设计竞赛

作为财政大臣，格莱斯通深知规模如此巨大的博物馆建筑群不仅在英国史无前例，而且凭借当时的财政状况绝无可能一次建成。因此，他与欧文计划，新博物馆群应该分阶段建设，且第一阶段建设要包括自然历史博物馆与专利博物馆两个建筑。

欧文欢喜无限，从组织水晶宫公园内的史前生物模型展算起，为了这一天的到来他已经等了整整10年。这位大英博物馆的督管立刻起草了一份详细之至的设计任务书。书中列举了当时已经被建筑工程界与博物馆界注意到的几乎所有建筑、结构、构造与设备等方面的要求。例如，新馆要能够以分阶段建设的方式来适应未来多个不同机构可能在不同时期开工建设的情况；南肯辛顿地区的建筑特色及文脉也应得到充分的尊重；关于材料选择，建议采用砖、铁及玻璃等最为典型的维多利亚时代建筑材料，并考虑在外立面采用当时最新颖的波特兰水泥或彩色砖作为饰面，而适当的建筑装饰也应鼓励，等等。可是在这些林林总总的要求

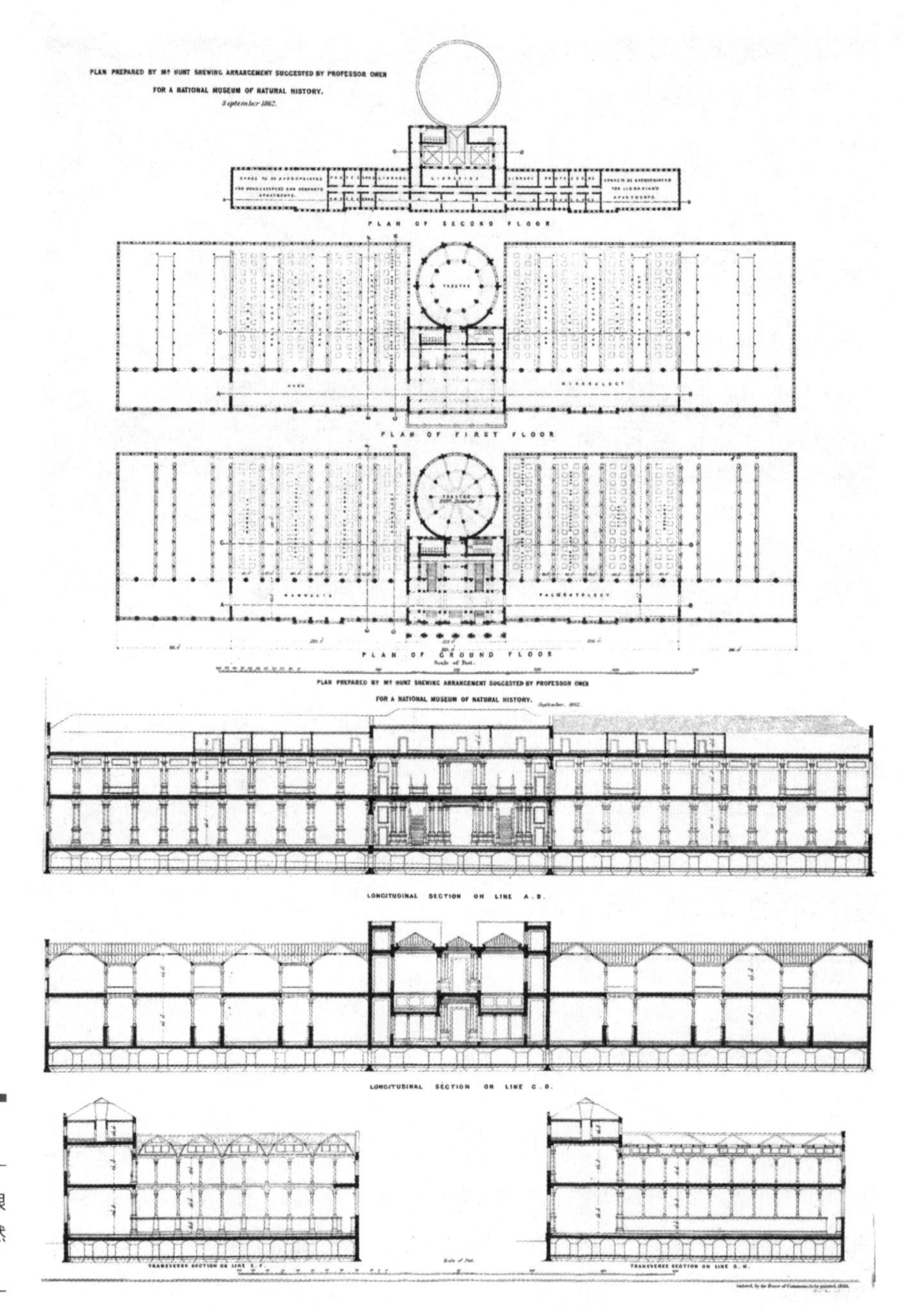

图3-16

亨利·亚瑟·亨特在1862年根据欧文的原始意见所绘制自然历史博物馆平面图与剖面图

之中，有一条则显得格外不同，那就是欧文竟在任务书中提出，设计可以参照一套极为详尽的平立剖面图。而图纸则是在1862年，项目办公室工程监理员亨利·亚瑟·亨特（Henry Arthur Hunt）根据欧文的原始意见专为自然历史博物馆绘制的（图3-16）。

从图3-16中可见，欧文心目中的博物馆为三层，形状窄长，与1862年的草图极为相似。它依然采用宽窄展廊相间的手段来保障自然采光要求，只是多加出来的第三层被用作办公空间，而底部两层仍均用作展示。这种涉及方案细节的要求在建筑设计竞赛中是极为罕见的情况。作为甲方，欧文显然要求得有点过多了，从而使他难逃以一个外行人的眼光来干涉建筑师自由发挥的责难。他自己也意识到了这一点，因此又在任务书中解释道："提供这份平面图的目的仅是为了明示根据欧文教授的想法而草拟出自然历史博物馆的设计要求，但绝没有以此来将诸位的方案限制在与之相似的处理手法、形式组织及展廊尺度等方面的意图"（Yanni：117）。可是甲方毕竟是甲方，而这一项目又是如此的诱人。如此一来，又有几个建筑师能够为了坚持自己的自由建筑理念而忽视这一如此明显的"暗示"呢？

竞赛进行得颇为成功，吸引了来自欧洲各国的33个投标方案。依照当时流行的建筑风气，绝大多数提交方案都是意大利文艺复兴风格，而仅有两个罗马风风格与一个希腊古典建筑风格的方案被提交。评委们没用多久就盲审出了优胜者，但在这位建筑师的名字被公布后英国媒体一片哗然。胜出者竟是福克上尉，正是那座丑陋的，为给新博物馆腾出场地而被拆毁的1862年国际展览会馆的设计者。

但这次福克显然充分吸取了之前的教训，仔仔细细地设计了一座外观恢弘、比例完美的大厦。竞赛的五位评委之一，曾对福克的1862年展馆持极端反对态度的詹姆斯·弗格森（James Fergusson）也不敢相信福克能设计出这样的作品。他评论道："他起初是一位军事工程师，而在他掌握那些最为基本的艺术原则之前他竟开始了在民用建筑设计领域的生涯。当然，他最初失败了，但是十年的工作经验——以国家的大量花费为代价的十年经验，使得他有机会回炉重造去弥补他早年教育的缺憾。而他对于艺术的天生睿智最终使得这一漂亮无比的方案得以实现"（Yanni：120）。

欧文的想法得到了充分的重视。不但体面的正立面，梳子齿状排列的展廊，位于中心的讲堂都被考虑进来，甚至存在于1859年草图中的圆形门厅也被融入方案之中。位于主建筑前方两侧的正方形大环廊拱卫着富丽堂皇的正立面，使得效果图富含空间深度感并极具视觉冲击力。主体部分上下分三段，左右分五段，覆盖中庭的圆形穹顶分为八瓣，形状饱满，被典雅的鱼鳞瓦所覆盖。每瓣壳体的顶部开有椭圆形天窗，从而可以创造出无与伦比的室内光环境。高耸的鼓座上设有深陷的神龛，光影变化丰富，而屹立在穹顶之上的尖亭则使它得以统治整个地区的天际线。位于主楼四角的小穹顶簇拥着中心大穹顶，进一步丰富了空间层次，令人感觉建筑实体依次向上发展，从而避免了坐落于平屋顶上的大穹顶显得过于突兀。整个建筑与意大利15～16世纪著名建筑师伯拉孟特（Donato Bramante）所设计的罗马圣彼得大教堂初稿方案有着异曲同工之妙。立面由圆拱门窗控制，尺度适宜，比例匀称，体现出文艺复兴建筑的独特魅力（图3-17、图3-18）。

来自苏格兰的建筑师罗伯特·克尔（Robert Kerr）的方案获得了第二名。从设计图中看来，欧文的圆形中庭，梳子齿状展廊及宏伟的立面也得到了重视。而

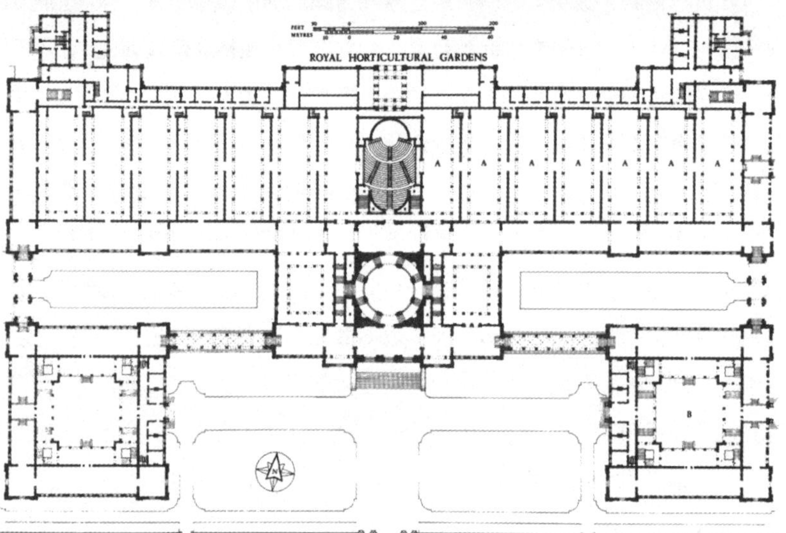

图3-17

弗朗西斯·福克上尉设计的南肯辛顿博物馆一等奖方案——透视图与底层平面图

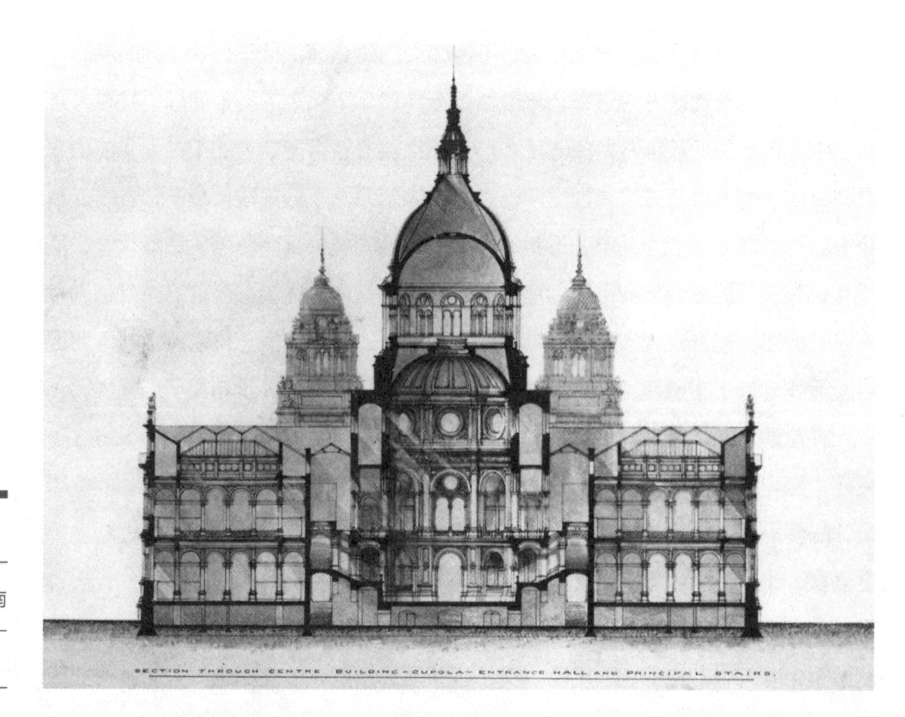

图3-18

弗朗西斯·福克上尉设计的南肯辛顿博物馆一等奖方案——中央大厅剖面图

图3-19

罗伯特·克尔设计的第二名方案——透视图

位于前方两侧拱卫着中央主体建筑的独立展廊及统治天际轮廓的巨大穹顶则与福克方案在某种程度上不谋而合。但是，与福克纯粹的意大利文艺复兴风格不同，克尔多少有些偏好17世纪法国古典主义风格。从图中显而易见，除了巨大的穹顶还在强调文艺复兴的建筑语汇外，那独立构成建筑最上层的，带有老虎窗的法式屋顶与凡尔赛宫颇为相似。一些大英博物馆的董事对福克带有成见。他们不愿意接受一个军事工程师的方案——即便那真的是很漂亮——而宁可选择第二名。克尔的方案自然也很优秀，但平心而论，无论是从图纸的表达质量还是从细节处理等方面看，克尔的设计看上去都像是个半成品。经验老到的项目办公室工程监理员亨特认为克尔的方案在空间布局与采光方面有不可挽回的失误。在这种情况下，他自然无法与福克对抗了（图3-19）。

建设准备工作在1865年随即展开。6月间欧文亲赴爱丁堡考察了福克的另一作品——科学与艺术博物馆。而自爱丁堡之行后，他便与福克认真地讨论起未来自然历史博物馆的外立面装饰问题，并将注意力集中在一种非常有趣的建筑材料——彩陶——上面。

早在文艺复兴时期，欧洲的建筑师已经开始在建筑上使用陶制装饰部件。这主要是因为这种通过模具烧制的材料不但坚固耐用而且可以满足大量快速生产的要求。在文艺复兴之后，现代主义建筑出现之前，欧洲的建筑多以繁冗的雕饰而闻名。可如果所有的建筑师都想雇佣最好的雕塑家来为自己的大厦装饰精美的雕塑，那不但在时间上不可能，很多情况下预算也不允许。因此，可以反复使用模具翻模，工艺简单、价格便宜的陶土雕塑就渐渐得到了建筑师们的青睐。维多利亚时代的英国建筑师早已经开始使用各种颜色质感不同的陶制面砖、饰面、浮雕与塑像来装饰房子，但多是仅在必要的、富有装饰的部位使用。福克也曾经在建筑中小范围地使用过彩陶，而这次，他与欧文决定在南肯辛顿再次使用它。

图3-20

阿尔弗雷德·沃特豪斯肖像，照片

然而，天有不测风云。正当福克准备大展拳脚，为自己在南肯辛顿那蒙羞的名声正名时，他的健康却几近崩溃了。在1865年冬，突如其来的血管破裂使得他无法正常工作。11月，大英博物馆自然历史所的各位部长们开始抱怨已有很长时间没有听到来自建筑师的任何信息，而福克回应说他病了，但应能很快康复并恢复工作。可是事实上福克再也没有机会去绘制他所梦想的自然历史博物馆了。1865年12月，病魔夺走了他年仅42岁的生命（Bullen，2006：265）。

建筑师的突然辞世使得项目委员会陷入了危机。建设已经迫在眉睫，无法叫停，但没有首席建筑师的领导使得工程在技术层面上群龙无首。委员会首席执行官威廉·库珀（William Cowper）知道解决问题的唯一方法是立即任命一位新的建筑师来主持大计，但到底选择谁却需要谨慎考虑。首先，所有参加竞赛的建筑师被排除了，尤其是第二名克尔，因为无论选择谁，他们都会把福克的设计彻底推翻重来，这样一来就会使本来已经完成的所有准备工作前功尽弃。此外，本项目能够通过国会苛刻的辩论并走到目前这一步已经是万幸了，那本不富裕的预算根本经不得这样折腾，而原本就对此持反对意见的议员们正在抄着手看热闹，时刻准备在适当的时候让项目委员会尝一下唇枪舌剑的滋味。再者，本工程规模庞大，系统复杂，新的建筑师必须有足够的经验来掌控全局。而最后，这位建筑师还必须不是很有名气，从而能够甘愿继承福克的方案并最终把它建起来。好在库珀是一位在建筑与艺术圈中颇有声望的资助者。他主持过伦敦许多著名建筑的修建，与著名的建筑评论家——《建筑七灯》的作者约翰·拉斯金（John Ruskin），工艺美术运动的创始人威廉·莫里斯（William Morris）等艺术界名流都是好友，并熟识许多当时的青年才俊。凭借这样广泛的关系，他没过多久就确定了新的建筑师人选。1866年2月，来自曼彻斯特的青年建筑师，阿尔弗雷德·沃特豪斯（Alfred Waterhouse）走马上任了（Girouard：17）（图3-20）。

3.6 走马换将

沃特豪斯于1830年生于利物浦，后在曼彻斯特接受建筑教育并开业实践，是一个典型的英国北方建筑师。他早年曾游学欧洲，足迹遍布德国、法国、意大利及土耳其的伊斯坦布尔等地。在此过程中，他对哥特风格与罗马风风格逐渐产生了浓厚的兴趣。而同时他还是拉斯金理论的忠实追随者，而拉斯金对哥特建筑的推崇则进一步使沃特豪斯成为了日后哥特建筑复兴运动的中流砥柱之一。他的早期作品均集中于曼彻斯特，其中以曼彻斯特巡回法庭（Manchester Assize Court）与曼彻斯特市政厅（Manchester Town Hall）最为有名。如今，前者已经被拆毁不存，而后者依然矗立在曼彻斯特的老城中心。从图中可见，这两栋建筑都装饰着秀丽的尖券与高耸入云的塔楼，都成功地统治了周围城区的天际线，带有浓重的世俗哥特建筑风格。沃特豪斯的这两处早期作品全面诠释了他特有的建筑语言，并将他成功介绍入伦敦著名建筑资助人的视野之中（图3-21、图3-22）。

1866年时沃特豪斯只有36岁，在一年前刚刚决定南下伦敦来碰碰运气。对于库珀为什么会选择这样一个初出茅庐的小伙子来担当大任，历史记录上不甚明白，但是可以肯定的是沃特豪斯很有才气，并有在曼彻斯特主持大工程的经验，但同时他又很年轻，资历浅，应该不会轻易推翻福克的方案重来。而库珀要的就是这样一个人选。对此沃特豪斯十分谨慎。这是他在伦敦的第一个项目，又是一个不需要参加竞赛的直接委托，这样的好运气不免会招人妒忌。因此，即使他不喜欢文艺复兴风格，即使他作为一名建筑师的天性使他从心底不愿盲从他人的方

图3-21

曼彻斯特巡回法庭

图3-22

曼彻斯特市政厅

案，沃特豪斯还是欣然领命并同时向库珀诚恳地保证：“我的全部努力都将致力于使这项伟大的国家工程顺利、成功地继续进行下去”（Yanni：126）。在随后的几个月里，沃特豪斯不但认真研读消化福克的方案，并在库珀的建议下奔赴爱丁堡与都柏林实地考察福克的建筑。这位来自曼彻斯特的建筑师夜以继日地熟悉工作，他当时满脑子只想着要尽快按照原方案完成项目，却没有料到这一工程竟会占用他16年的生命，并最终成为他一生中最重要、最杰出的建筑作品。

在英国，政党之间的权力变更在很多情况下会影响国家级大型项目的成败。这种情况在历史上屡见不鲜，最新近的一个例子就是在2010年被新上任的保守党砍掉的巨石阵旅游中心项目。而在150多年前，尚未垒下基石的自然历史博物馆也注定要经历同样的命运。1866年6月，保守党击败自由党组阁，而新政府所下的首批政令之一就是暂停南肯辛顿的博物馆项目。沃特豪斯刚上任没半年就又被迫停业，而这一停就是一年半的时间（Girouard：20）。不过其间他还是项目建筑师，而议会也明确告诉他项目不过是要经过重审，而他则应随时做好应对必要变动的准备。

1867年2月，财政部决定通过砍掉专利博物馆并仅保留自然历史博物馆来节省开支（Yanni：126）。这一巨大变动意味福克的原始方案中有一半都必须删除，而沃特豪斯则首次拥有了对方案的修改权。然而这位处事谨慎的年轻人并不打算立刻就全盘推翻福克的设计。他一方面向欧文及自然历史部的另外四位部长广泛咨询，全面熟悉自然历史博物馆的功能要求，并做了大量草图；另一方面则保留了原方案的大部分特点，仅在尺度与细节上作了必要的调整并适当融入自己的想法。1868年3、4月间，博物馆董事会同意了他提出的新方案。而在5月，沃特豪斯将他的新方案并同10幅透视图提交给项目委员会讨论。从其中的一幅室内透视可见，虽然沃特豪斯没有采用他最为喜爱的哥特尖券，但大拱门在比例上更为低矮，稳重有余而轻灵不足，更具有罗马风的特色，此外丰富的装饰与宽敞灵活的空间也颇为引人注意（Yanni：127）。项目委员会起初认为过多的装饰与过多的空间穿插会造成造价过高，然而还没等到项目委员会拿定主意，威斯敏斯特又要易主了。12月，保守党还没坐热椅子就被自由党赶下了台，而此时担当首相的则是欧文的老朋友，自然历史博物馆的坚定支持者，前财政大臣威廉·格莱斯通（Girouard：21）（图3-23、图3-24）。

这看上去是个利好消息，至少博物馆的建设不会再遭终止。但是格莱斯通任命的新首席执行官——考古学家亨利·莱亚德（Henry Layard）却莫名其妙地希望将博物馆从南肯辛顿挪到泰晤士埃利芬特区（Thames Embankment）。埃利芬特的原意是河堤，这里特指位于查令十字与滑铁卢桥之间的泰晤士河北岸地区。此处地块狭长且带有弧度，莱亚德希望通过沿河修建包括博物馆、大法院、国家画廊与国家剧院等一系列重要标志性建筑来提升泰晤士沿岸的城市景观。这

图3-23

沃特豪斯的1868年方案——室内透视图

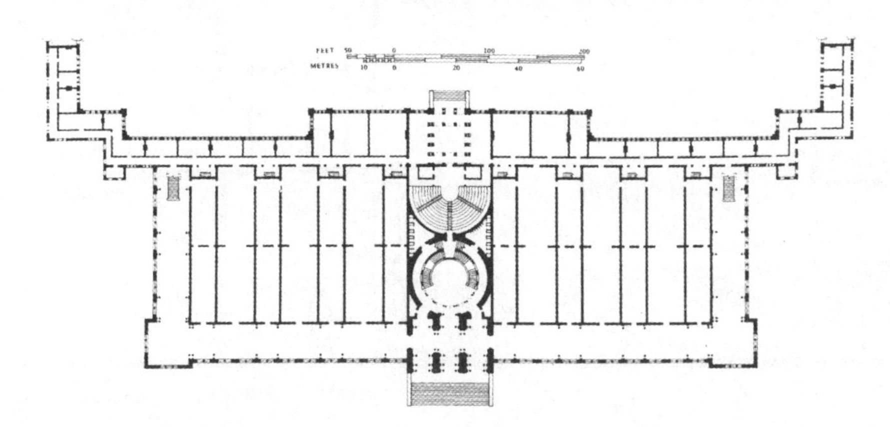

图3-24

沃特豪斯的1868年方案——透视图与底层平面图

是一项重大的城市建设工程，为此，国会在1869年5月3日专门召开了一个专家研讨会。欧文、赫胥黎及沃特豪斯等来自于不同领域的相关专家都被应邀与会。自然科学家们与建筑师都不反对这一新场地，因为位于伦敦核心地带的埃利芬特既方便普通民众参观又不像城中其他区位那样拥挤。这里没有建筑间相互遮挡的问题，东南面宽阔的泰晤士河使得大部分展廊可以得到高品质的自然光源。而对于城市而言，映衬在绿影碧波中的宏伟博物馆自然会成为伦敦新的地标。然而，对于南肯辛顿的方案而言，这就意味着巨大的变化了（Yanni：128）。

凭借职业建筑师对专业的敏感直觉，沃特豪斯意识到自己在此时真正拥有了彻底摆脱福克的阴影，完全按照自己的想法去设计一个博物馆的机会。新上任的莱亚德根本不在乎原方案如何，他只对能够适应新场地的新方案感兴趣；而赫胥黎则抓住这次机会再次对欧文的百科全书式的巨型博物馆提出了质疑。这些因素显然都有利于沃特豪斯重新设计博物馆的梦想。其中，赫胥黎的意见在建筑师的心目中更是留下了深刻的印象。

我们知道，早在1859年欧文第一次提出博物馆草图的时候赫胥黎就反对他把所有收藏悉数展出的理念。这位坚定的达尔文主义者一直希望能够设计一栋展览与科研明确分开，互不打扰的博物馆。而在此次会议上，他又根据现有的博物馆空间组织方案和自己在1868年年初为曼彻斯特博物馆作咨询时提出的意见总结出了新的想法。

为了适应梳子齿状的展廊布置，赫胥黎设计了一种宽窄相间的平行展廊（图3-25）。从剖面中可见，宽的部分是向公众开放的展廊，而窄的部分则是向科学家开放的研究室，位于两者之间的则是单面透明的高大玻璃展柜。柜上封闭的一面装有推拉门，面向研究室方向；另一面则用大幅的玻璃封实，面向观众。赫胥黎希望用这种空间处理方法来同时满足欧文与自己的要求。这样一来，不但高如

图3-25

赫胥黎所设计的宽窄相间展廊横剖面

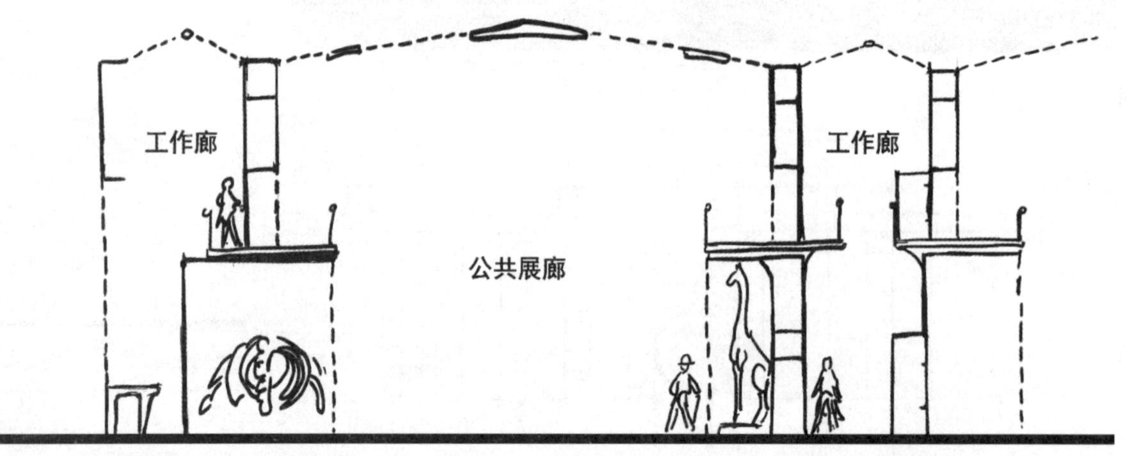

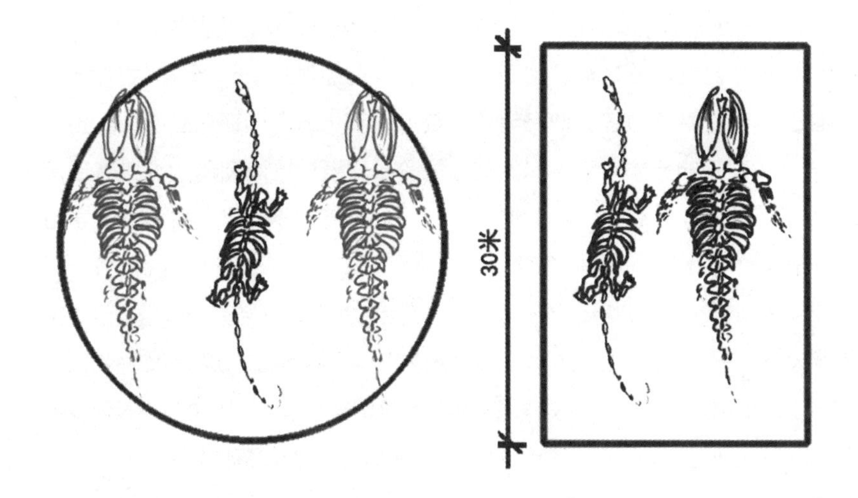

图3-26

将一个直径为30米的圆形大厅和一个长边边长为30米的长方形大厅相比较，前者受弦长变化的限制而不可能放下几个同等大小的巨型展品，但后者则可较为容易的容纳下数个巨型展品

墙壁的展柜内可以尽可能多地布置展品，而且科学家们也可以随时打开相应展柜上的门来取出标本研究。虽然当科学家们开门进入展柜时可能会被参观者看到，但是由于厚厚的玻璃展窗的阻隔，其工作也不会受到太大的影响。对于这个极富创造性的意见，莱亚德不但十分赞赏而且将其进一步发展为两面均透明的展柜——一面仍旧为玻璃窗，而另一面则为玻璃门。这样一来，普通百姓便可以有机会直接看到科学家们实际工作的场景，从而既能熟悉科研工作的性质，也可借此来教育自己的下一代好好学习，从而拉近了神圣的科学研究与普通百姓间的距离，极有利于科普励志。

与赫胥黎不同，沃特豪斯以一种取经的心态参加了讨论会。在会上，这位建筑师可能仅仅象征性地带了一两张体块草图，并没有发表任何实质性的成果。但是对罗马风与哥特式建筑的热衷使得他打心底里对欧文所憧憬的圆形中庭不感兴趣——只有长方形的教堂式中庭才是他心目中最理想的形式。

关于当年沃特豪斯在比较圆形中庭与长方形中庭的不同时，是仅仅基于建筑风格来考虑还是另有更深层次的考量，现在已经无法考证。但是如果简单比较一下两种中庭的空间特征，就不难发现，与圆形空间相比，长方形中庭更适合于多为长条形的巨型自然历史标本展览布置。例如，一副完整的鲸鱼骨架可长达20米，如将其置于圆形中庭内，最经济的手段是利用通过直径的最长空间来安放标本。这样一来，再考虑到标本四周的交通面积，就意味着中庭的直径将至少为30米，如此估算穹顶的直径也将在30米以上了。如此大的穹顶自然造价不菲，但更重要的是由于圆形内任一条直径两侧的弦长都会受圆弧的限制而逐步变窄变小，因此除去位于中央的鲸鱼骨架外，偌大的一个中庭再也不可能放置得下另一个同等大小的标本，而这必然会造成一定程度上的空间浪费。所以，可以并排放置多个大型标本的长方形的中庭才是自然历史博物馆建筑最为经济有效的布局方式（图3-26）。

赫胥黎关于展廊的看法基本得到了莱亚德的肯定，欧文也对此无话可说；

然而对于中庭的形式，这位新上任的首席执行官与欧文有着同样的见地：一个高大的穹顶毕竟可以使建筑外观更加宏伟，因此圆形的中庭十分必要。沃特豪斯在这一点上并不勉强。他在等待机会，而直觉告诉他现在必须表现出应有的低调。但是赫胥黎对于展廊的理性的分析以及对空间利用的细致考量深深影响了沃特豪斯的思绪，他把这一切都记在了笔记本上以供日后参考学习（Yanni：129-131）。

莱亚德对讨论会的顺利进行十分满意，会后立即要求沃特豪斯根据与会专家的意见设计新的方案。不出月余，一个气势恢弘，沿河而踞的自然历史博物馆已跃然纸上了。这是一个折中主义作品，多种风格明显并置。它中央对称，体量极为狭长，顺应河道走势而略带弧度。位于正中的高大门廊如哥特教堂一般由两座高塔拱卫，长长的立面则向两侧徐徐延伸。饰有罗马风式圆拱窗的开间被作为母题加以重复，光影丰富，节奏适当。位于中庭上方的巨大的穹顶依然醒目，与尽端塔楼前后四角的小穹顶遥相呼应，则多少有些文艺复兴的风采。多样的建筑语言混搭成一幢令人过目难忘的建筑，即使仅是草图也足以使人能够想象得出它的宏伟与壮丽（图3-27）。

但是令沃特豪斯没有想到的是莱亚德仅在半年之后就辞去了首席执行官的职位而远赴马德里去担任英国驻西班牙大使了。格莱斯通只得重新任命一位首席执行官。这次上任的是头脑精明，能打会算的经济学家A·S·艾尔登（A.S.Ayrton）。自打他在1870年5月上台开始，沃特豪斯就发现这位顶头上司不是一个好打交道的人。艾尔登在建筑圈臭名昭著，他的吝啬与苛刻无人不晓。这个人不喜欢艺术与建筑。在他看来，所有的这些“奇技淫巧”都是浪费钱的勾当，应该全部禁止或至少严加控制。不少著名的维多利亚时代建筑师都曾在财政

图3-27

沃特豪斯于1869年设计的沿泰晤士河埃利芬特方案

预算上吃过他的苦头，其中不乏一些主持重要国家工程的大师。设计大法院的乔治·斯特里特（George Street）被他气得健康状况严重受损，而在圣保罗教堂内为威灵顿公爵设计纪念碑的阿尔弗雷德·史蒂芬（Alfred Steven）则被他逼得几乎要辞职不干。沃特豪斯在他手下的日子也不好过。他首先发现博物馆的场地又被改回了南肯辛顿，且自己的新设计一夜间变成了废纸；其次，原本50万英镑的预算被陡然削减至33万英镑，而这意味着设计方案必须再次大动（Girouard：22）。

面对财务困难，年轻的沃特豪斯再次展现了他性格中能屈能伸、老练成熟的一面。他不但没有像其他建筑师通常会做的那样抱怨连篇，而是尽量利用这一不利因素并使其转化为对自己有利的方面——不是没钱了吗！那好办！首先，穹顶太贵了，不得不把它们删除。取而代之的是便宜却更具有哥特风格的长方形中庭。沃特豪斯聪明地利用这一机会进一步削弱了方案的文艺复兴风格，令欧文吃了个哑巴亏。其次，整个建筑可以分阶段建设，他计划在初始阶段只建正立面与中间的主体部分，而侧立面与背立面等将来有钱了再说。最后，在材料方面，沃特豪斯决定继承福克的想法而采用物美价廉且坚固耐用的彩陶来装饰外立面。这是他第一次接触这种建筑材料，却在随后的设计施工过程中无可救药地爱上了它。最终，沃特豪斯留给我们一栋完完全全被彩陶所包裹起来的大厦。

1871年，自然历史博物馆的最终方案终于得以通过。这是将在南肯辛顿变为现实的方案，规模即使有所缩减却依然十分可观。从平面图与剖面图中可见：宏伟的立面长达206.4米（Thackray：94），4层高。藏在立面之后两侧的仍是梳子齿状排列的单层展廊，天窗采光，并如赫胥黎所设想的那样宽窄相间。中间主入口仍由两座高塔拱卫，后面的中央大庭为长方形。大厅两侧各有5个拱龛，其中中间的拱龛后为连接东西两厢梳子齿状展廊的长廊。大厅的北面端头处设有一部大阶梯，联系东西两侧的二层跑马回廊。而在原计划中位于大厅北面、大阶梯背后的大讲堂则被一处规模较小的北厅所取代了。北厅两角也是两座功能性的高塔，内设烟囱，供采暖设备使用。关于欧文为何放弃讲堂的原因并不十分清楚。有记载说欧文曾解释说中央大厅已经是一处极好的讲堂，无须为此再另费周折。但事实上，其在光学和声学方面的处理都与一处合格的讲堂相去甚远。或许真实的原因还是在于这拖了十几年的项目进程。在1871年，欧文已经是年近七旬的老人了，漫长而曲折的进展过程耗尽了他的精力与心血，如今虽然开工在望，他却心有余而力不足了（Girouard：48）（图3-28）！

南肯辛顿必须再等两年才能迎来第一批工人，艾尔登奇慢的办事效率与反复无常的性格使得工程一拖再拖。而在1873年春，严重的通货膨胀已经使两年前的33万镑严重缩水，但艾尔登却拒绝给予补偿。对此沃特豪斯也是无计可施了。他只好忍痛砍掉了入口两侧的高塔和北面双塔中的一个，将木雕天花改为石膏，并大量削减了装饰。即使这样，造价师给出的估算仍是35.2万英镑，对此，艾尔登

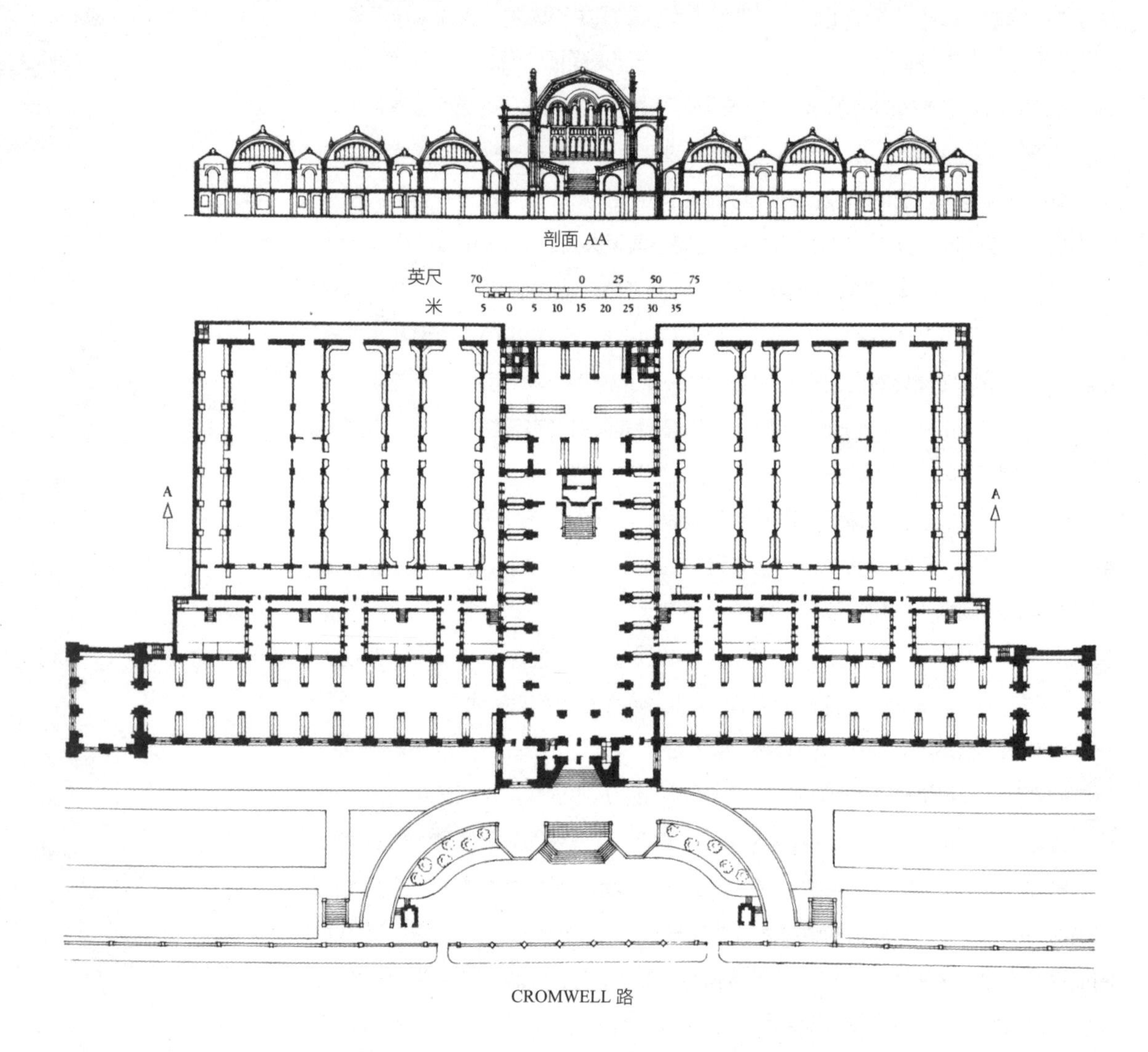

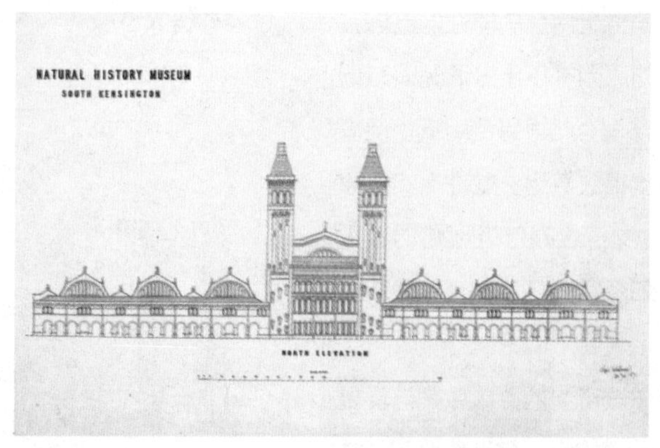

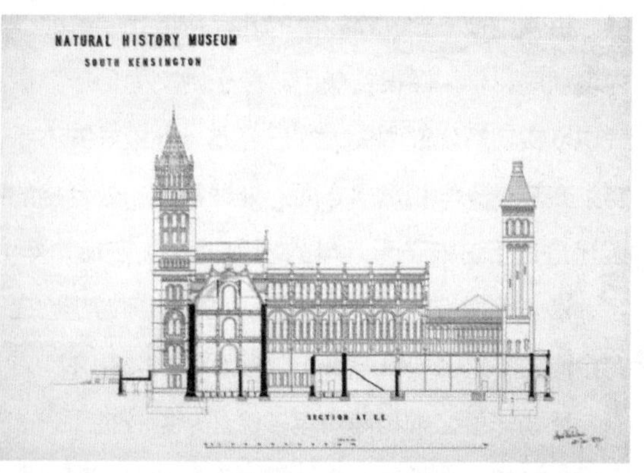

图3-28

沃特豪斯的1871年最终方案——主体展廊横剖图，底层平面图，北立面图，中央入口大厅纵剖图终于极为勉强地答应了（Girouard：22）。

工程开工了，但没有了高塔拱卫的博物馆令沃特豪斯极不开心。他虽然也在兢兢业业地工作——与欧文讨论设计细节雕饰，与各工种协调工程进度，与供应商商量材料运抵日期——但常常吵架，时时赌气。这种情况一直延续了六年，其间建设速度缓慢，纰漏百出。彩陶构件供给商吉布斯·坎宁（Gibbs & Canning）公司起初对这座新博物馆的彩陶需求量估计有误而导致了延期交货，而后又因为没有考虑到烧制前后的伸缩率而浪费了很大一批已经烧制好的雕塑，从而耽误了很长一段时间。铸铁框架的供应商贝克家族（Baker and Son）公司则抱怨因为彩陶的供应延期和建筑师的反复多变而无法集中精力工作，最后以至于破产。所有的这一切挫折都使得工期一拖再拖，竣工看似遥遥无期。

1879年，保守党再次击败自由党主政威斯敏斯特，这一变化使得一切又再次峰回路转，柳暗花明。与之前对待博物馆项目的消极保守不同，面对这座几近完工的大楼，保守党这次做得十分漂亮。新的政府罢免了艾尔登并同时为博物馆新拨了专款，使得原本捉襟见肘的预算顿时宽裕了许多。而在此期间伦敦消防厅的肖队长（Captain Shaw）的一次偶然的视察则令沃特豪斯欣喜不已。由于铸铁构件在火灾中极易熔化，维多利亚时代的大型公共建筑都必须自备水箱以便随时紧急使用，而储存了大量浸泡在酒精中的标本的自然历史博物馆自然是比其他公用建筑的危险级别更高，必须装备有足够大的水箱才行。此外，为了保证足够的压力，水箱通常必须设在高于最高功能性楼层之处。博物馆的最高功能性楼层是正南立面上的四楼展廊，但比它还高的就只有北面那在艾尔登手中幸存下来的唯一一座高塔了，且不说塔内还有一座烟囱，单就离南立面的距离来讲北塔也是远水解不了近渴。肖队长对此很不满意，他找来沃特豪斯大骂一顿并要求立即修改方案并在南立面上设立足够高、足够大的塔楼来放置水箱。这大概是沃特豪斯挨得最快活的一顿骂，有了伦敦消防厅的“功能性”支持，他的高塔顺理成章地回到了施工图中（Girouard：23）。

后来的工程进展十分顺利，1881年4月18日是当年的复活节礼拜一，英国人都在享受这一年一度的春日假期，而整个博物馆终于竣工开馆了。此时的新馆有了一个正式的名字，大英博物馆（自然历史部）（British Museum（Natural History）），象征着它与大英博物馆的隶属关系。沃特豪斯陪同欧文第一个踏入了这座崭新博物馆的大门，怀着不同的心绪，却都激动不已。此时的欧文已经77岁了。27年前，他组织的水晶宫公园史前生物展览依然历历在目，但如今他已从一位雄心勃勃的博物学家变成了年近耄耋的老人。仰望着这座当时世界上最大的自然历史博物馆，他不由得泪眼模糊。的确，对于一座建于强大的维多利亚时代的伦敦建筑而言，27年太长了，而这期间的辛苦与挫折又有谁能比他体会更深呢！但对于沃特豪斯而言，虽然这座生命与自然的殿堂足足占用了他16年的时

图3-29

沃特豪斯的1871年最终方案施工效果图

间，但他借此成功地在伦敦建筑界立住了脚并一举成为了炙手可热的明星建筑师。不但大量的项目源源不断，他自己的名声也开始远播海外。沃特豪斯陆续被欧洲各大建筑学会聘为会员，如1886年在布鲁塞尔，1888年在米兰，1889年在柏林，1893年在巴黎等，而在1888年，他还登上了英国建筑师的最高宝座——英国皇家建筑学会主席。

在他们身后，从英国各地闻讯赶来的17500多人陆续涌入了这座恢弘的大厦。人人那睁大了的眼睛里都充满了好奇与赞叹（图3-29）！

3.7 风采初绽

新落成的自然历史部博物馆的确气宇轩昂。从里到外，它处处洋溢着一种特殊的气质。人们试图用业已存在的建筑风格来定义沃特豪斯的大厦，但是却发现这并不容易。

的确！站在南肯辛顿这座刚刚竣工的琼楼华宇面前，似乎有数不清的建筑语汇可供你去分析解读。从整体看来，它周身披裹着淡黄色的彩陶，多条灰蓝色的色带贯穿东西。在漫长的正立面上，中间的高塔与尽头的端楼均被陡峭的屋顶所覆，灰瓦银饰，高亢明快，如激情洋溢的高音；而位于三者之间的，则是各由11开间重复组成的主体部分舒缓地向两侧展开，立柱横阑，平平仄仄，如柔美和悦的咏叹。这面200余米长的“凝固音乐”统治了克伦威尔路北侧的街景，其温暖柔和的颜色给阴冷的雾都带来了几份舒适与温馨，而起伏有序的建筑天际线则给平淡无奇的南肯辛顿增添了些许惊喜（图3-30）。

如若深入到细节中去，则乍眼望去鳞次栉比的圆拱窗高高低低，三三两两的到处都是，构成了最为醒目的建筑语汇。在平缓的主体部分，四层楼各由不同

图3-30

自然历史部博物馆南立面图

的窗户样式所控制，从下往上，逐渐变得愈发复杂精细。最底层是普通的两开方窗，二层是一个大方窗内并立两扇高圆拱窗，三层为一个大圆拱窗中分为两个小圆拱窗外加位于二者顶部的圆形顶饰窗，而顶层则是由两个小型圆拱窗与三角山花所控制的老虎窗样式。这四种样式配合得极为巧妙。最下层的方窗雕饰最少，窗间墙宽阔，其敦实厚重的形式看上去足以承托上面三层传下来的巨大压力，就像一个坚实的基础。第二、三两层虽然在中间有窗台线脚分开，但是其宽窄比例一致，下层为方形，上层为圆拱，组合在一起恰好是一个巨型圆拱窗，如一栋小建筑的主体。且最为有趣的是，这个巨型圆拱窗的高宽比例与包含其中的上下四个小圆拱窗完全一致，于是在视觉上产生了一种同源同种的和谐。第四层的老虎窗坐落在三层顶部的一溜檐口线脚上，与下面几层在视觉上完全分开。虽然总体尺寸上小了一圈，但是那中规中矩的三角山花两底角外沿恰好与下面三层的窗户外沿对齐，从而建立起一种若即若离的视觉联系，如同一顶秀气的屋顶。四层一开间，如同一个完美的狭小建筑立面，这种蕴涵着丰富几何美学的设计手法在纵向上使各层融为一体，且在横向上成为控制整个立面的建筑母题。值得注意的是，同样的布置稍加修改后也被延伸运用在中间的一对高塔与两端的塔楼上，使得整个建筑浑然天成。很显然，这种特殊的设计手法会使我们不仅联想到古罗马斗兽场立面上那自下而上、由简入繁依次变化的柱饰，也会联想到文艺复兴时期那些善于几何分析的建筑大师们，如阿尔伯蒂（Leon Battista Alberti）、伯拉孟特（Donato Bramante）、帕拉第奥（Andrea Palladio）……

中间那两尊修饰着主入口的高塔比例粗壮，自然是整个立面的主控音符。虽然其南立面与挤在中间的三角山墙几乎处在同一平面上，但层层大小不同，数目不一的圆拱窗却将其修饰得凸凹有致，流光烁影，绝无单调乏味之虞。在重复使用主体部分的四层母题之上，一小排六个微型圆拱窗形成一个如缓冲带般的矮小楼层。在它的上面，则楼层突然拔高，形成一处由三个并列高圆拱窗控制的极高大空间。而之后再往上看，就是那承载着肖队长所要求的消防水箱的八角形塔尖了。塔尖比例修长，屹立在高耸的鼓座之上。为了增加其剑指云霄的气势，沃特豪斯又安排了许多大大小小的尖塔在四周拱卫（图3-31）。

通看整个高塔，自下而上安排的一组组高低宽窄不同的圆拱窗起到了至关重要的视觉控制作用，如音乐韵律一般张弛有度，从而使得塔楼整体看起来远远高于它的实际高度。这种特有的设计风格带有非常明显的德国罗马风教堂建筑的痕迹。这其实并不奇怪。沃特豪斯早年曾游历过德国，也极有可能到过并认真研究过诸如莱茵兰—普法尔茨州的沃尔姆斯大教堂（Worms Cathedral, Rheinland-Pfalz）和黑森州的林姆伯格大教堂（Limburg Cathedral, Hesse）等著名的罗马风建筑，因此在他的博物馆上带着罗马风的气息是再合理不过的事情了（Cruickshank，2000：374，377）（图3-32、图3-33）。

图3-31

中央塔楼上的侧窗

图3-33

林姆伯格大教堂

图3-32

沃尔姆斯大教堂

最后再让我们把注意力集中在主入口上。这个位于两座高塔拱卫之下的高大门廊由八圈层层收进的圆拱加以强调，虽然用的不是哥特尖券，但这一处理手法却是颇为明显的哥特风格。作为拉斯金的忠实追随者，沃特豪斯对哥特复兴有一种发自内心的热爱。他热衷于设计层层收进式的哥特风格主入口，并将类似的手法用在了他的早期作品之一——曼彻斯特市政厅上。然而，在曼彻斯特市政厅以及他的另一个早期作品——曼彻斯特巡回法庭的设计中，我们都可以找到很明显的哥特式尖券，可为什么沃特豪斯没有在自然历史部博物馆的设计中延续他的习惯呢？这一点其实很好解释。要知道沃特豪斯毕竟是从福克手中继承了一整套文艺复兴风格的设计图纸，而他也被明确告知在不必要的情况下不要对方案大加改动，因此即使后来这位年轻的继任者有机会对方案进行一而再、再而三的改动，他还是始终铭记着库珀的要求，尽可能地保留了些福克的设计。而在这一点上，罗马风自然是一个非常安全的选择。一方面，用罗马风式的圆拱来接替文艺复兴式的圆拱是顺水行船般的方便之举，而另一方面，罗马风式建筑又与哥特式建筑一脉相承，从而作为哥特复兴支持者，沃特豪斯不会被他在“哥特复兴俱乐部”里的同僚们责斥背叛了自己的信条（图3-34～图3-36）。

如此说来，到底该如何定义这一建筑呢？是罗马风式、哥特式、文艺复兴式，还是古典式？似乎在这栋博物馆上，每一种风格都能找到或多或少的一些痕迹。有的非常明显且统治大部分外观，如罗马风式；有的仅仅出现在某些部位，如哥特式；有的作为一种潜在的设计手法，如文艺复兴时期的几何分析与立面构图；而有的则仅仅出现在参观者的类比之中，如古典柱饰的隐喻。其实，与其硬要用几种刻板教条的条条框框分析出博物馆的风格，不如以一种开放的思维从风

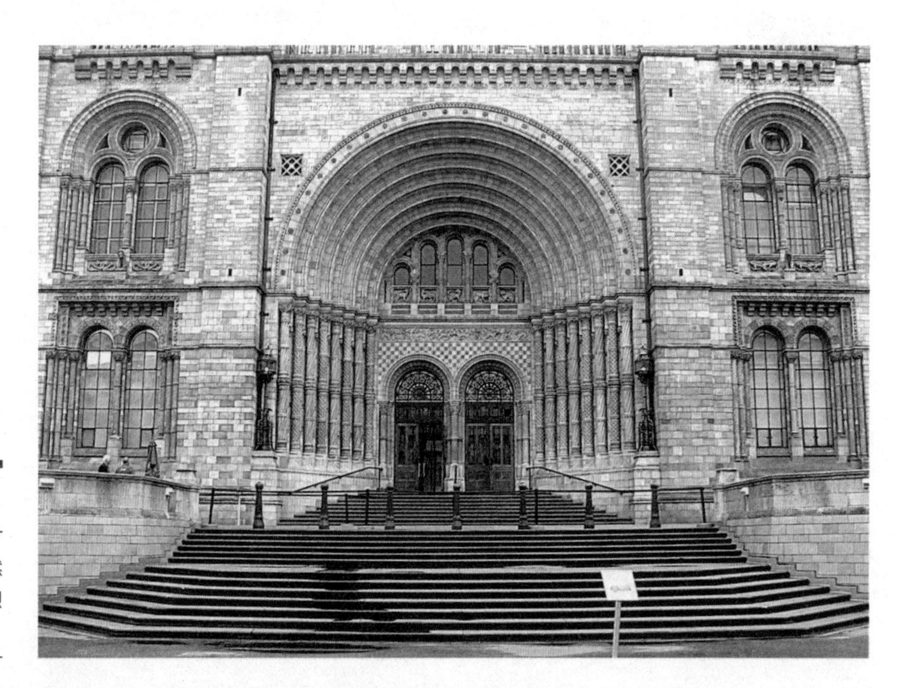

图3-34

采用了层层收进式设计的自然历史部博物馆主入口带有强烈的哥特风格

图3-35

曼彻斯特市政厅主入口的设计与自然历史部博物馆主入口有异曲同工之妙

图3-36

曼彻斯特市政厅的外立面开窗采用了大量哥特式尖拱

格分析中认识到沃特豪斯的本质。他生活在以创新而闻名的维多利亚时代，也自然会是一位不拘泥于形式，善于创新的建筑师，因此绝不会将自己桎梏在某一种样式上裹足不前。哥特与罗马风的语汇都是他的最爱，而他又善于把两者有机地捏合在一起，使之协调一致又奇特新颖。自然历史部博物馆就是这样一种尝试的结果。这是一座反映维多利亚时代创新精神的建筑杰作，也更使沃特豪斯形成了自己的建筑风格，走向成功与成熟（图3-37、图3-38）。

事实上，对于那些颇为教条的建筑风格之论大多数人并不十分在意。在普通人眼里，这就是一座专为展示自然世界而建的博物馆，因此如何在展览中通俗易懂地讲述生命的奥妙与地球的秘密比什么隐晦抽象的建筑流派更加重要。然而在1881年刚开业时，博物馆几乎是个空壳子。此时所有的标本还存放在大英博物馆那破旧的展柜和拥挤不堪的地下室里。显而易见，在当时的交通条件下，将如此大宗的标本从大英博物馆运到南肯辛顿绝对是个难题。马车是唯一可用的交通工具，其有限的装载量决定了标本运输需要耗费很长的时间来完成（图3-39）。

在英国永远不缺幸灾乐祸的媒体。事实上早在1863年格莱斯通刚刚建议购买南肯辛顿地块的时候，一些对新博物馆持保守态度的媒体就已经对未来可能出现的标本运输困难横加嘲笑。他们刊登了一些漫画来描述动物标本在大街上可能会造成的混乱，借此来讽刺格莱斯通的建议（Stearn：45）。而如今刚建成的博物馆果然面临着这个难题，这些媒体自然冷眼旁观，准备随时出出欧文的

图3-37

自然历史部博物馆东端塔楼

图3-38

从自然历史部博物馆正立面三层东侧展廊眺望北侧双塔，中景为东侧梳子齿状平行展廊的三角形山墙

图3-39

在1881年开馆时，博物馆尚还显得空空荡荡

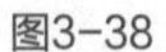

JULY 18, 1863.] THE COMIC NEWS. 3

BROMPTON BLOOMSBURY

THE ZOOLOGICAL FAMILY REMOVING FROM THE BRITISH MUSEUM TO THEIR NEW HOUSE IN SOUTH KENSINGTON.

图3-40

刊登在1863年7月18日的《滑稽新闻画报》上的一幅漫画，漫画下面写着——把动物学的那一大家子从大英博物馆搬到它们在南肯辛顿的新家去

丑（图3-40）。

但是，他们这次的如意算盘打错了。在经历了数不清的挫折与困难之后，欧文与沃特豪斯已经将自己的神经锻造得无比坚强。既然当年国会里的刻薄咒骂与财政上的恣意克扣都没能拦住博物馆的竣工，运输这点小事又能算得了什么呢！在欧文看来，大不了多装几车，多运几趟，走慢点，走稳点就好了。这点标本看上去虽多，早晚都能运完——老先生此时颇有些愚公移山的精神了！

整个标本运输过程又花了两年多的时间。其中，仅仅动物标本的运输就在1882年的夏天耗费了97天、394车次的工作量（Thackray：70）。大概是由于对早年的漫画还多少有些印象，伦敦的市民们对运输动物标本的马车很感兴趣。那个时候，在马车经过的路段两旁总会聚集很多指着车中标本说说笑笑的孩子，而街头巷尾大家谈论的也多是这件事情。毕竟在当时除了少数精英阶层，普通大众对于到底有多少标本藏在大英博物馆地下室里是没有概念的，而这次大运输使得他们头一回能够直观地感知到大不列颠帝国那令人叹为观止的巨量自然历史收藏，自然令人激动。英国人爱喝酒，下班后聚在酒吧里，觥筹交错间，大家聊的都是今天谁又遇到了一辆装着什么不知名怪物的马车，什么时候要带着自己的家人、子女去南肯辛顿开开眼云云。

正如那些保守媒体所估计的那样，标本大运送果然变成了大家最关注的新闻，但与他们设想的方向正好相反。在这种情况下，那些善于捕风捉影的记者们只好集体噤声了。因为他们知道，当初的漫画恶搞不但没有对新的博物馆造成损失，反倒成了一针催化剂，使得更多的人借标本运输这一免费宣传更加了解了自然历史部博物馆的展览，更希望去南肯辛顿参观。

1883年，所有标本都运抵新博物馆就位了。而事实上在之前的两年里，博物馆根本不缺游人。许许多多被络绎不绝的标本运送车队吸引而来的游客在空旷的大厦内外惊奇地发现了另一种独特的展览。那不是传统意义上的展柜，而是精美绝伦的建筑装饰——一个用陶土与粉彩构成的“人工大自然”。

3.8 自然圣殿

维多利亚时代的重要建筑多崇尚扣人心弦的空间与繁荣华丽的装饰。这一点在诸如完成于1870年的国会大厦（Palace of Westminster），竣工于1871年的皇家阿尔伯特大厅（Royal Albert Hall）和于1868年向公众开放的圣潘卡罗斯火车站（St. Pancras Railway Station）等那个时代最著名的建筑作品中均体现得淋漓尽致。铸铁、玻璃与混凝土等新型建筑材料的广泛使用，使得维多利亚式建筑多能够实现高大宽敞的室内效果与复杂的空间穿插。而由于使用陶雕，铁艺与倒模砖雕等工艺，维多利亚时代的建筑师能够以较为便宜而快捷的方式实现大面积的复杂装饰。对于这些建筑方面的创新，沃特豪斯自然是十分熟悉。而在欧文眼里，自然历史部博物馆不但要成为又一座典雅的维多利亚建筑，更要在空间与装饰方面充分反映出自然历史学科的独有特征。欧文自己热衷于明亮宽阔的展览空间与优美复杂的雕饰，而他那画家出身的建筑师沃特豪斯又是营造空间与刻画细节的高手。事实上在新博物馆里，欧文的严谨与沃特豪斯的浪漫配合得天衣无缝，最终成就了一座专属于自然的殿堂。

沃特豪斯大致使用了三种最主要的建筑材料来建造南肯辛顿的新博物馆——铁、砖与彩陶。对于前两种材料，人们已经司空见惯，可是对于这最后一种材料，多数读者可能还不是十分熟悉。实际上如前文所述，彩陶作为一种面砖和雕饰材料早已经广泛使用在很多维多利亚建筑上，只是使用范围往往局限在需要雕塑与色彩装饰的地方。在自然历史部博物馆方案上，福克最初曾想尝试大规模地使用彩陶，而他的继任者沃特豪斯并没有辜负他的遗愿。年轻的曼彻斯特建筑师将陶的特性在功能与装饰两个方面发挥得淋漓尽致，使这种普通的材料在南肯辛顿纷呈异彩。

与其他维多利亚建筑一样，铁结构依然是新博物馆的主要结构体系。沃特豪斯使用价格便宜、抗压性能好但质地较脆的工字截面铸铁柱作为纵向结构体，而把韧性好、刚度强但价格较贵的锻铁用在横梁、中厅桁架以及主入口上方的T字形飞虹大楼梯等需要抵抗弯矩的横向部位，从而巧妙而经济地结合铸铁与锻铁两种技术，搭建起整个博物馆的骨架。在诸如内院立面、北立面和展廊立面等参观者看不到的次要部位，沃特豪斯使用了淡黄色的黏土砖来砌筑填充墙体。但是在正立面、侧立面、大厅及展廊内等人人都看得到的重要部位，建筑师用淡黄色与灰蓝色的彩陶面砖与雕饰将整个大厦严丝合缝地包裹了起来。这是在英国乃至欧洲第一次如此大规模地使用陶砖，是世界上第一幢完全意义上的陶建筑。但是建筑师显然不想把这种拥有细腻表面的材料仅仅用来修饰外表，一些陶瓷所特有的性质被沃特豪斯仔细考虑并纳入了整个建筑系统之中。

第一，所有的铸铁柱子完全由陶砖包裹。与见火即熔的铁件相比，坚硬且耐火的陶砖为其提供了非常重要的防火保护。作为一名建筑师，想必沃特豪斯一定对1871年那场横扫美国芝加哥的大火灾颇为了解。在那场浩劫中，不耐火的铸铁柱很快熔化并导致许多大楼整栋整栋地坍塌，而熔化的铁水又四处流淌，使许多火焰原本不能到达的角落也起火燃烧，从而造成了极为惨痛的后果。自然历史部博物馆里存放着大量充满酒精的标本瓶，是当时的重点防火单位，因此几乎对高温有着无限抵抗力的陶瓷自然是最好的选择。

第二，尽管陶砖本身并没有什么特别出色的结构强度，但是它比黏土砖坚硬很多，不会在长时间使用之后开裂或掉渣，这使得建筑细节的完整性与立面的整洁程度有了长时间的保证。此外，通过在陶砖与铸铁柱之间的不规则空隙中填充破碎砖头瓦砾并灌注灰浆，可使陶砖与铁柱紧密地粘结为一体。如此一来，陶砖就可以将铁柱牢牢地箍裹起来并通过自身超强的硬度来抵抗可能会出现的纵向变形，从而防止质脆的铸铁柱遭到弯矩破坏。

第三，彩陶砖的出现使建筑物的经久耐用产生了质的飞跃。19世纪的伦敦正处在资本主义高速发展阶段，浓密的腐蚀性烟雾和酸雨使这个千年古都的绝大部分石头建筑都变得面目全非，肮脏破败。于是沃特豪斯在寻找既能有效抵抗酸雨腐蚀又能大量使用的建筑材料的过程中想到了陶。光洁釉亮且五彩缤纷的陶砖廉价，易于清洗且制作方便，又能在长时间暴露于硫、氯等高腐蚀性化学物质后依然保持光亮如新，这不愧是一举多得。沃特豪斯与欧文明智地放弃了传统的石材而选择了这种新的材料，并破天荒地用它来覆盖整栋建筑。在经历了130多年的风吹雨打之后，当同时期的砖石建筑早已因为蚀旧不堪而需要投入大量的人力、物力、财力来进行保护修缮之时，自然历史部博物馆只需要简单擦洗后就可在阳光下骄傲地炫耀她那永恒的迷人光泽。

欧文希望用大量反映自然主题的雕塑来布满整个建筑。为了实现业主的这一雄心，当时正在吝啬的艾尔登手下苦苦挣扎的沃特豪斯理所当然地选择了彩陶。尽管许多源自于动植物的雕塑形状复杂，但是可以利用胚子重复烧制的彩陶使得原本耗时费力的石雕工作变得简单快捷。在设计过程中，欧文希望自然历史部博物馆上的雕塑能够以科学的严谨态度如实展示自然界中不同物种的形态。因此，他不但为沃特豪斯提供了大量的自然历史标本作为雕塑母题，而且建议他去仔细临摹霍金斯在水晶宫公园恐龙角内的雕塑，并以其写实风格为蓝本设计博物馆的大小雕塑。这个要求对于画家出身的沃特豪斯而言完全是小菜一碟。天生的谨慎使他一面细心地绘制各种样图，一面为了能准确传达科学信息而孜孜不倦地请欧文为样稿作修改，力图使未来的雕塑与真实的动植物形象完全吻合。几年下来，在欧文的亲自审核下，年轻的建筑师一共完成了厚厚两卷，202种活灵活现的雕塑草稿，其中囊括乔木、花草、走兽、飞禽、游鱼、蜢虫等各个门类。陶艺雕塑师是来自法莫・布兰德里（Farmer and Brindley）公司的杜加丁（M. Dujardin）。这是一位责任心很强的艺术家，在他天才的手指下，沃特豪斯的二维图纸被以一种惊人的相似度转化为三维艺术品。近年来，博物馆里的建筑保护部门依照留存下来的沃特豪斯雕塑设计图纸按图索骥，希望对整个建筑上的大小雕塑进行系统登记。在比较过程中，人们吃惊地发现耸立在建筑上的真实雕塑竟与沃特豪斯的原始草图别无二致（图3-41～图3-43）。

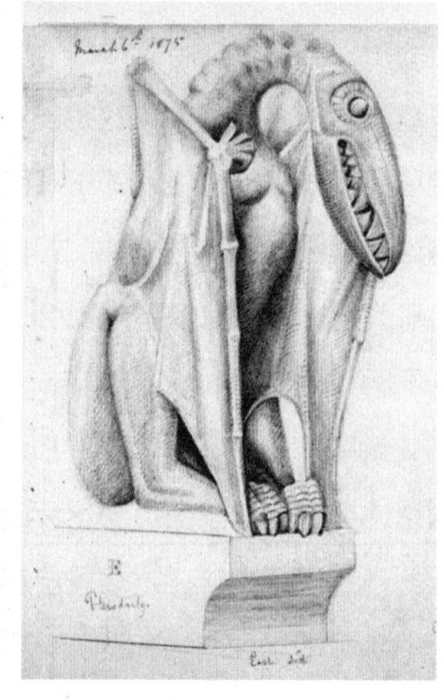

图3-41

博物馆主立面上的翼龙雕像与沃特豪斯绘制的草图

图3-42

主入口上方的雕塑

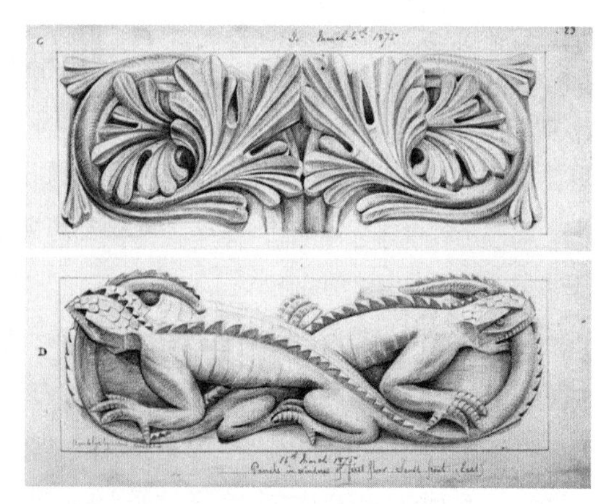

图3-43

沃特豪斯绘制的浮雕草图

图3-44

室内大台阶上的雕塑，请注意攀附在左侧柱子边角上的猴子雕塑

建成后的自然历史部博物馆充满了由科学的精确与艺术的夸张“孕育”而成的“陶瓷生命”：建筑主入口的八圈圆拱由形式复杂的列柱支撑，而柱身与柱头设计均源自不同种类的史前植物。中央大厅里，78只南美洲卷尾猴以各不相同的姿态攀爬在拱券之上，数不清的鸟雀飞翔在梁宇之间。迎面的大楼梯将人们引上二层跑马廊，镌刻在扶手面上的狐狸、狮子、鸬鹚与鹭鸶等动物栩栩如生。大楼的东侧被设计为地质学部，因此里外所有装饰均为已经灭绝的史前生物。外立面檐口上，奇特的后弓兽低眉垂目，威风的剑齿虎蓄力以待，粗壮的大懒兽昂首阔目。在内部展廊的柱子上，史前海蝎与甲胄鱼类遨游在精心刻画出的波纹之中；在窗棂间，史前蜈蚣、海星、海百合与菊石等低等动物依次排列；在阴暗的壁柱角落里，翼龙与始祖鸟探头引颈，翅掩睛澄。大楼的西面为动物学部，与东翼不同，这边的里外装饰都是现存的生物。立于檐口之上，威严的雄狮举目远眺，雄壮的棕熊威风凛凛，矫捷的胡狼引颈长啸。室内展廊的柱子上也附满了水族浮雕，但占据这里的是章鱼、鲷鱼、比目鱼等现存物种。在柱头之上，细心的人们可以发现隐藏在树丛之中的牛羊头像，而装点拱券周边的则是依照一定规律层层盘绕在一起的长蛇。除了这些位置显著的雕饰之外，在窗台下、门廊上、走道边、座椅旁，到处也都可找到动植物装饰。奇异的棘皮动物和软体动物装点在窗间柱顶，各种不同的花草植物图案则以重复出现的模式修饰着剩余的边边角角，甚至连覆盖检修口与通风口的格栅都被沃特豪斯以蜜蜂、甲虫等低级生命为主题加以修饰（图3-44～图3-52）。

所有的这些彩陶雕塑安安静静地依附在建筑的各处角落，却又热热闹闹地展示着生命的神奇。 它们也是博物馆那多达7000万种藏品的一部分，它们为这“死”的建筑注入了“活”的灵魂。

图3-45

位于中央大厅北侧大台阶扶手墩侧面的动物浮雕以及与之相对应的设计图

图3-46

布满史前动植物装饰的东侧主立面

图3-47

布满现生动植物装饰的西侧主立面

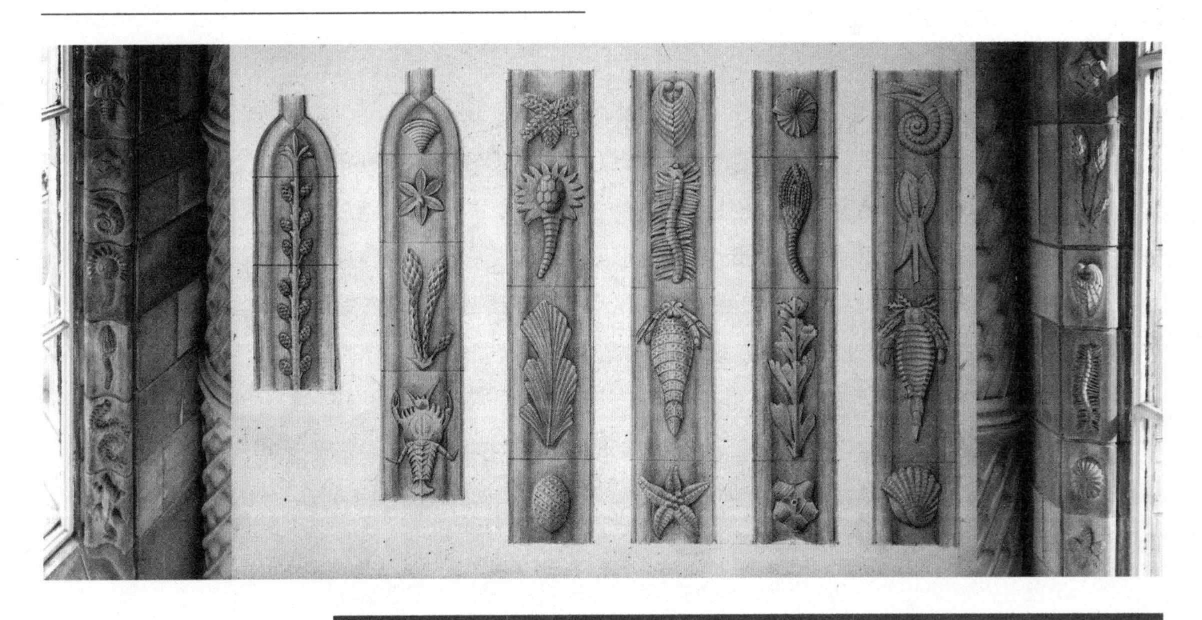

图3-48

以低等史前生物为母题的东侧展廊内部装饰——窗框细节以及与之相对应的设计图

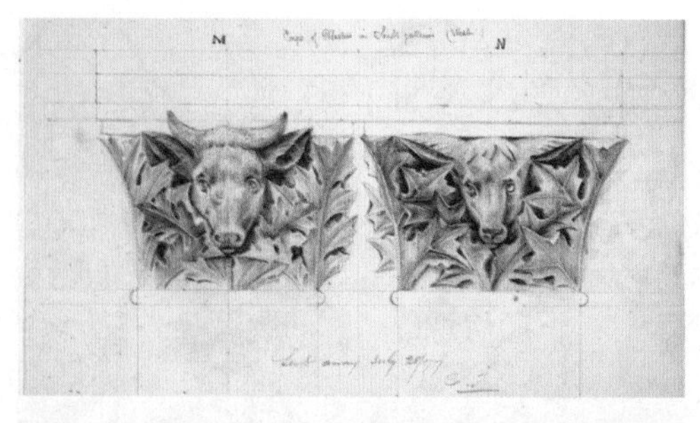

图3-49

西侧展廊内部柱头设计以及与之相对应的设计图

图3-50

东侧展廊内柱面装饰以史前鱼类及史前海洋生物为母题，而西侧展廊柱面装饰则以现生鱼类和现生海洋生物为母题

虽然新博物馆的左右两厢都是单层梳子齿状展廊，空间相对有些单调，但是沃特豪斯将自己的浪漫主义设计手法淋漓尽致地发挥在中央大厅的空间组织与装饰上面。步入那颇有些与众不同的双门洞主入口，人们立刻会被一个如哥特式教堂般高大宏伟的中庭所震撼。大厅长约50米，宽约30米，五组由抽象的花草叶片铁艺作为上下铉间杆件的锻铁桁架支撑起近25米高的空间。就在这里，除了丰富的陶雕以外，沃特豪斯的非凡设计魅力还在三个不同的地方得以充分展示（图3-53）。

首先是纵向交通组织。我们知道，在欧文看来最好的展廊应该是单层并列布置且由顶部采光，这事实上暗示着楼梯间并没有什么太大的作用。可是，尽管在新建的博物馆内绝大多数展廊都符合这个标准，但是正立面的二、三、四层在计划中也是重要展厅，因此建筑师必须想办法布置楼梯等纵向交通系统。可能在很多人看来，中间的两尊高塔就是安排楼梯间的绝佳位置。这个地方的确有很多优点，例如，靠近主入口，便于在紧急情况下疏散；与东西各层展廊直接联系，有利于人们直接上至想看的展廊等。可是，沃特豪斯偏偏没有遵循刻板的建筑设计教条。他不喜欢暗藏在高塔里的单调而无趣的楼梯间，却用两部漂亮的大台阶组织起一个非常复杂的纵向流线（图3-54）。

第一部是位于中央大厅北端的双向分枝大楼梯。由于中庭的地坪相当于室外地坪的二层高度，参观者可先顺着第一跑台阶来到一处宽阔的平台，然后随意选择左边或右边的第二跑台阶即可来到大厅两侧相当于第三层高度的跑马回廊。之后人们必须再沿着跑马回廊向南兜回到整个建筑的最南端，才可以通过一处横向

图3-51

盘绕在西侧展廊内拱门四周的蛇雕塑

图3-52

位于博物馆底层外立面上的低等动物装饰和位于通风口格栅中央的昆虫雕饰

图3-53

由五组锻铁桁架支撑起的宏伟中庭

图3-54

两尊高塔并没有被用作楼梯间

连廊选择进入正立面第三层的东西两侧大展廊。如果你想继续向上走到第四层，就必须通过位于主入口后面不远处正上方的T字形飞虹大楼梯。这是一处非常扣人心弦的建筑语汇。在三层跑马廊的南端，沃特豪斯出人意料地设计了一座飞架东西两边的拱桥。桥身曲线优美，玲珑轻盈，自两边拾阶而上，便可到达中部的大平台，站在这里向北凭栏而望，恢弘的中庭一览无遗。平台相当于半层高度，在桥的南面，一跑大直梯将人们直接带上四层的横向连廊，在那里人们才可以进入东西两侧的四层大展廊（图3-55）。

两部大台阶事实上成为了控制中庭空间穿插的主要建筑语言。它们特别的造型不但具有极强的视觉冲击力，而且其存在使得每一个想要上到四楼的参观者都必须走过将近150米的折返路径，从而有足够的机会从不同的视角去体验中庭的魅力。虽然楼梯间便捷通达的功能性被牺牲掉了，但沃特豪斯显然对这一充满幻想与浪漫的设计非常中意。在他看来，博物馆应是一个处处可以停留并欣赏展品或建筑雕饰的地方，因此无聊而封闭的传统楼梯间必须被摒弃（图3-56）。

其次是壁龛空间。我们知道在大厅的东西两侧各有五个凹室。除了中间的凹室联系着东西两边的长廊之外，其余八个圆拱壁龛如同藏着宝藏的洞窟，幽幽地

图3-55

从主入口内侧仰视T字形飞虹大楼梯

图3-56

从二楼西侧跑马廊看T字形飞虹大楼梯

排在两侧，等待着人们进来探索其中的奥秘。凹龛里都安置着从各个不同领域精心挑选出的典型标本。对这里，欧文称之为索引博物馆（Index Museum），其意义就是要像一本书的目录一样，独立构成一个百科全书式博物馆的缩影。欧文希望这一展厅既可供入门级参观者能在短时间内浏览到馆内最精华、最具有代表性的展品，又能帮助那些特地为某类标本而来的专业参观者有的放矢，最后还可以使当时受教育程度不高的工人家庭能够简明扼要地领略到自然的奥妙，且又不会因为铺天盖地的展品与巨大的展廊所带来的心理压力而感到气馁。事实上，这一系列凹龛空间的建筑特征极好地诠释了欧文的理念：一方面，相对于高大明亮的中庭而言，它们比较低矮幽暗，摆在里面的标本也不甚明显，从而增加了参观者探索未知的乐趣与寻宝猎奇的好奇心。另一方面，凹龛各自独立，互不相连，从而使人们必须在看完一个凹龛后返回中庭方可再进入另一个凹龛。这种不断往返于开放与幽闭空间的过程不但加强了每个凹室内展览的独特性，而且削弱了各个凹龛内展览之间的线性联系。这一点对于希望仅仅通过一两件典型标本的展示来代表一整个自然历史研究领域的索引博物馆而言非常重要。因为相互分割的展室可以简单地划归不同的研究领域，从而既保证了每个凹龛的代表性，又防止了因参观者擅自将几种标本联系起来而造成的理解困惑。

这一系列凹龛正如17世纪奇趣屋传统的延续。凹龛本身就像一个个微缩的自然界，而在它们背后一墙之隔，那藏着千万奇妙标本的梳子齿状展廊则代表着真正无限的大自然。两者之间在建筑空间上的间接联系与直接割裂构成了一个隐喻，就如电影中的蒙太奇手法，使参观者在一系列相对分离且又暗中联系的视觉片段中建立起一个简明且完整的自然历史观（图3-57、图3-58）。

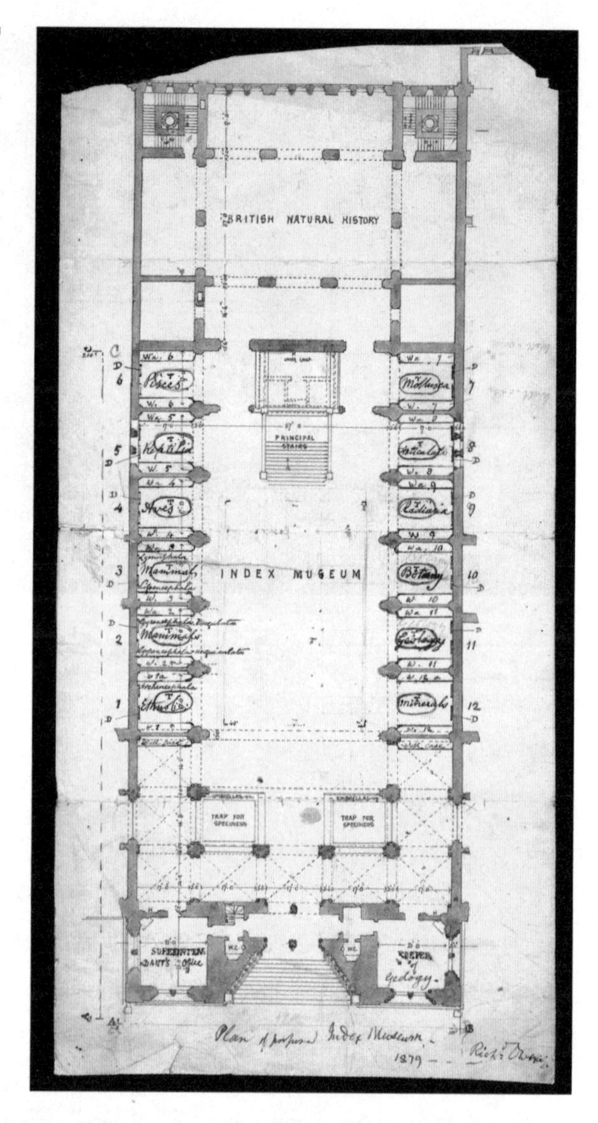

图3-57

欧文于1879年设计的索引博物馆展览布置图

图3-58

在德皮身后，可见依然被用作索引博物馆的西侧四个凹龛，东侧四个凹龛也是一样的功能

最后是植物顶棚。整个中央大厅的顶棚可以被分为两大部分，一是包含五组锻铁桁架的中央部分，覆盖着5对凹龛所面对的广大面积；二是南端部分，覆盖着T字形飞虹梯和入口门廊。在这片巨大的顶棚上，装饰着一处极少有人注意的平棋造顶棚，而在四方枋间板上则绘有精美的植物花式——被称为植物百科顶棚。沃特豪斯设计这处彩绘顶棚的最初理念现在已经难以考证，但是我们知道建筑师与欧文都打算将这座博物馆建成一处自然圣堂，因此不难想象，他们很可能希望以教堂天顶壁画的形式来装饰大厅。

中央部分的顶棚并不是一个沿桁架外轮廓而建起的圆拱顶，而是从中脊开始向两边整个顶棚被分为了两折屋面。下一折屋面是大片的天窗，非常明亮；而上一折屋面则是实体顶棚，相对比较暗一些。整个上折屋面被支撑起中庭的五组桁架横向分成了六个区，再由中脊纵向分为两半，从而形成12个正方形的顶棚。在每一块顶棚中，细木工又进而将其分成了九宫格，因而最终上折顶棚被分为了12个九宫格共108块小格。在这些小格里，来自百斯特・李（Best & Lea）公司的艺术家用粉彩绘制出了各式各样的植物。沃特豪斯希望中央大厅的顶棚能够体现与英国公众的日常生活息息相关的本土和外来植物。而为了使其在尺度上能与高大宽阔的中庭相匹配，九宫格的构图都设计得非常讲究。每个九宫格的下面六格均被一整棵植物所占据，枝条花叶由一个小格自然延伸至另一小格，就像一扇扇带着窗棂的窗户，展示着背后的一棵棵大树。这其中包括来自澳大利亚的邦克西木和桉树，欧洲桃树，中美洲的巧克力树，象征英格兰的橡树和象征苏格兰的松树，酿酒用的葡萄树，东南亚的橘子树和柠檬树，普通苹果树，以及地中海的橄榄树和无花果树。所有的树木均采用了浅色背景，并以饰有金色果实或叶片的写实手法绘制，远远望去金光闪闪，非常迷人。与这些大树不同，九宫格的上面三格采用了深绿色的背景，而每一格中都以抽象的手法绘制了一种花卉。在这里，我们可以找到诸如仙人掌、毛地黄、杜鹃花、大丽花、玫瑰、草莓、兰花、蕨菜、向日葵、睡莲以及芦荟等在英国园林中常见的花卉。很显然，下面的植物多与英国百姓的饮食生活，及国家象征相关联，而上排的植物则多与英国最著名的一项国家爱好——园艺——有密切的关系，这恰好和沃特豪斯所设想的概念相吻合（图3-59～图3-61）。

南端部分的顶棚较小，被两道桁架分为三部分，6个九宫格，54个小格。但与中央大厅不同，由于人们可以站在T字形飞虹梯上抵近观看，所以每一个小格内都以非常写实的手法绘制了一种植物。这里的彩绘特点在于非常严谨的科学性。如果说中庭那点金缀银的彩绘更多地体现了装饰的韵味，那么南端顶棚上的彩绘就如同一种被压平保存起来的植物标本，而且每一种植物形象的下面都有一条绛红色的横栏，上面用金字标明了植物的拉丁学名。沃特豪斯希望能在这里展示对19世纪大英帝国的经济发展至关重要的植物，因此，我们在这里看到了咖啡、烟草、甘蔗、漆树、玉米与茶等几种最为重要的进出口农产品。这其中，来

图3-59

绚烂多彩的植物顶棚

自非洲的咖啡与来自中国的茶叶更是在日后成为了英国的国家饮品，至今仍在英国经济生活中占据着举足轻重的地位。

然而，在这里值得一提的是，一种曾经对大英帝国的经济、政治发展——但这次是极不光彩的发展——作出了巨大“贡献”的植物并没有被包括在南端的“经济植物名草堂”里。那就是曾经帮助英国以一种臭名昭著的形式打开中国对外贸易大门，扭转英中贸易逆差，贻害了中国整整一代人，并将整个中国推入到苦难的百年血泪近代史中的鸦片。而提炼这种毒品的植物就是开着灿烂红花的罂粟。按理说，该博物馆设计建设期间正是英军在中国发动两次鸦片战争之后不久，沃特豪斯与欧文不可能不知道这种植物为整个英帝国的扩张所作出的“贡献”，可似乎是有意回避，他们独独将罂粟从南厅彩绘中剔除了。实际上，如果仔细翻看一下历史就会发现，当时英国保守党政府决定对华进行毒品贸易的政策在其国内也引起了巨大的抵触情绪。不但普通大众与媒体对自己的国家竟然与如此不光彩的行为发生联系而感到无比震惊，就连国会内部也为此争论得不可开交。这其中，欧文日后建立自然历史部博物馆最坚定的盟友，当时年仅30岁的威廉·格莱斯通就曾向政府严厉抗议这种“不公与邪恶的走私贸易”。于是，尽管史料中对欧文或沃特豪斯对鸦片贸易的态度言之不详，在了解了这段背景的基础上，我们还是不难猜测罂粟缺席南厅的原因。事情很清楚，有学识的欧文与憎恨鸦片贸易的格莱斯通很可能不同意、也不会承认这种臭名昭著的植物对英国的发展有任何值得歌颂的影响，因此也就不配列入南厅植物顶棚了。事实上，作为一种在英国中部颇为常见的花卉植物与可提取吗啡等药品的药用植物，沃特豪斯最终还是把罂粟包括在了天顶彩绘里面，只是它仅被当作一种普通园林花草被抽象

图3-60

代表英格兰的橡树六格顶棚

图3-61

代表苏格兰的松树六格顶棚

地描绘在中央大厅的正脊附近。

英国有热衷于建筑与艺术评论的传统，维多利亚的建筑评论家们对这座富丽堂皇、雕梁画栋的大厦更是关注有加。许多媒体盛赞它的成功，如：

《周六回顾》（Saturday Review）在1881年4月18日刊中称之为“沃特豪斯先生那美丽的罗马风大厦”。

《泰晤士报》（The Times）在1881年4月18日号中评论：“伦敦人们现在将有机会在一座真正的自然庙堂中享受最令人愉悦的求知过程，这里，就像它应该的那样，展示着神圣的美丽”。

但有些评论家则对它的风格与装饰持否定态度，如：

《领域》（The Field）在1881年4月28日评论说：“这一建筑风格看上去越来越适合一个郊外茶舍而不是一个国家博物馆”（早期评论，网络）。

而最为有名的反对声当属《自然》（Nature）杂志在1882年11月16日的报道：“对于一个以博物馆为基本功能的建筑而言，在其内部附着如此精美华丽的装饰品是一个严重的错误……在很多地方，解释教育的基本功能因为要屈从于建筑艺术效果而被牺牲掉了……一次又一次，我们发现那些巨大的柱子——可能对它们本身而言十分漂亮——将成行的展柜打断，并把展品丢入到它的阴影之中”（Stearn，1998：52）。

沃特豪斯对于这些评价不置可否。他知道，一座能引起如此广泛注意与评论的建筑本身就是一种胜利。然而令他没有预见到的是，在未来的一个多世纪里，这座淡黄色的彩陶博物馆将要继续它的传奇，继续吸引着人们的注意力。

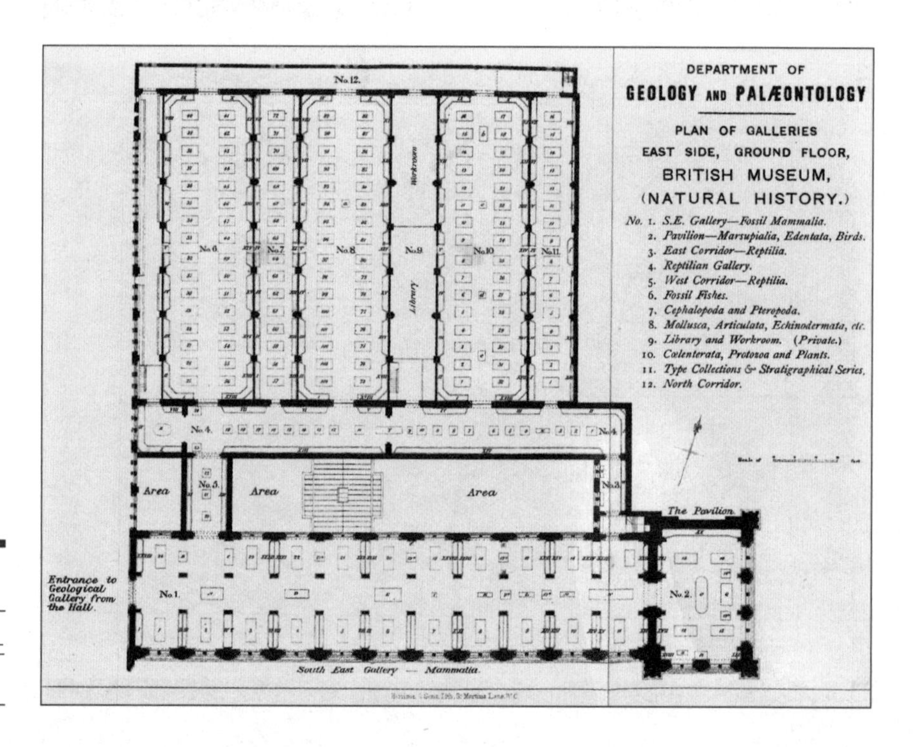

图3-62

印制在1886年参观指南尾页上的博物馆东侧展廊平面图

同年，博物馆印制了第一批参观手册。与现在价值10英镑，薄薄的，布满大插图的参观指南不同，当时的手册只需花4便士，却有170页厚，可谓物超所值。不但里面的插图与解说均近乎于专业水平，就连详细标明各个标本排放位置的建筑平面图也附在其中。从中可见当时的科学工作者对自己事业的细心与重视。然而，从当时的平面图中可以发现，赫胥黎计划的宽展廊与窄研究廊相间的方案并没有被最终实施。相反，所有的梳子齿状展廊几乎全部被用作了展览空间（Woodward，1886：109）（图3-62）。这也许与项目建设时间拖得过长有关。可以想象，赫胥黎提出该计划是在1869年埃利芬特研讨会上，距此时已有14年的时间。在此期间，维多利亚女王的探险队不知道又要带回多少新的标本，而这只会使得博物馆刚刚建成就显得不够用了。于是，自此以后自然历史部博物馆的历任管理者们从未停止过对加扩建的讨论。这不但使南肯辛顿的自然圣殿从未停止过自我进化，而且也令博物馆在日后百年内不断成为人们关注的焦点与话题。

维多利亚式的谜题：宗教与科学——自然历史博物馆中的信仰之争

——劳拉·H·汉克斯

翻译：王琦

不确定性的存在是生活中屈指可数的几个确定性之一，在时间的长河中，它的唯一变体就是那驱使一代代人不得不去面对的各种困难与迷惑的天然本质。在我们目前这种萧条的经济征候下，尽管人们可能意见相左，但当针对剧烈气候变化所作出的科学解释启发了公众与专家的意识之时，很多人还是对之前的霸权主义以及西方资本主义体系那看似完美的结构提出了挑战。在19世纪70年代的不列颠，当自然历史博物馆项目还处在襁褓之中时[①]，一个最根本性的两难局面变成了公众生活与意识的焦点，而重要的是，这场争斗的双方——宗教信仰与科学理念——在当时的建筑设计中得到了充分的竞争与表现。

基督教——特别是高教会圣公教派与新教派——是维多利亚时代社会的中心结构。成千上万不列颠人的生活，不但从社会角度与道德角度上被其教会宗义所决定，而且从实践角度上围绕着信仰所构筑。事实上，这种宗教观渗透影响着生活的所有方面，连审美观也不例外。例如，在当时具有很高影响力的教会学派坚持认为“高教会派提倡哥特复兴风格，而这恰恰是整整一代圣公教派建筑师们所苦苦追寻的官方认可。”[②] 社会中其他成员也赞成道：“除了去满足礼拜仪式的严格要求外，新教堂还应该在样式上勇于尝试历史学家E·A·弗里曼所提出的‘中世纪晚期前叶的尖拱样式’[③]，并且没过多久，其他建筑类型也都被同样的美学处理手法所控制了。”

维多利亚时代也是科学与技术取得长足发展的时期，在之前的一个世纪里，启蒙思想家们用人文准则与科学论证为其奠下基石。技术创新为工业革命

① 博物馆开馆于1881年。
② Bergdoll Barry. European Architecture 1750-1890[M]. Oxford & New York: Oxford University Press, 2000: 197.
③ Ibid.: 164. (As recalled by G.G. Scott. Personal and Professional Recollections[M]. London, 1879: 203.)

提供了动力，而随着数以百万计的地质学、动物学和植物学标本被源源不断地从帝国那遥远的角落运回不列颠岛，帝国雄心便与科学探索紧密相连在一起。在1859年，当达尔文的《物种起源》初次出版之时，创世论与进化论之争趋于白热化，而自然历史博物馆们也均自然而然地发现它们处在了争论的震中。的确，在该书出版七个月后，1860年6月30日，新近建成的牛津大学博物馆见证了关于达尔文进化论的最早一轮公共辩论中的一场。这座被约翰·拉斯金誉为诗歌，由迪恩·伍德沃德，以及奥谢兄弟设计建造的建筑[1]，将石制哥特风格（表现宗教信仰的建筑手法）与铸铁框架和玻璃屋顶风格（表现科学理念的建筑手法）结合在一起，体现出了神圣与世俗的亲密调和。这种结构：

“旨在同时庆祝上帝的无所不在和人类掌控探悉自然万物的能力，在奥谢兄弟——伍德沃德从爱尔兰招来的工匠——的钢凿下，窗棂与门楣被自然主题所繁雕盛饰，这是对被拉斯金盛赞为石头圣经的中世纪大教堂的现代召唤。”[2]

于是，存在于两个对立面之间的固有紧张关系碰撞出了这样一个直截了当的建筑结果。可是，虽然时任大学学院院长的普拉姆特里博士因为奥谢兄弟在博物馆的正立面上雕刻上了鹦鹉和猫头鹰而中途解雇了他们，这一结果在博物馆建造期间却不是十分明显。

“那些大学里的领导成员们都觉得自己非常的睿智，因此用鹦鹉来暗喻其只会‘鹦鹉学舌’就变成了莫大的侮辱。奥谢兄弟被命令把它们（鹦鹉与猫头鹰）的头都凿掉。而当他们回应说‘绝不！’后，便被立刻解雇了——尽管最终他们还是回来凿掉了那些雕塑的脑袋。于是直至今日，‘装饰’着博物馆入口的还是那一排排的无头身躯。”[3]

类似的意识形态之争也在新建的伦敦自然历史博物馆上体现得十分明显。1865年，阿尔弗雷德·沃特豪斯，在他的前任福克上尉突然过世后，成为了这一项目的建筑师。在此之前，福克凭借其极富文艺复兴早/中期风格的方案而在建筑竞赛中获胜，但随后发生的方案变化则像是在当时颇具影响的“风格之争”[4]中发生的一次静寂的冲锋。“沃特豪斯，与许多与他同时代的同行一样，不但是哥特复兴的热心拥护者，而且积极地阅读消化诸如普金、斯科特[5]，尤其是拉斯金的著作”[6]，除此之外，还像他的哥特复兴主义同僚们一样，毫不动摇地坚信“……文艺复兴风格是一个灾难，其根基——他们强调——栽植于异教徒主义之上，而绝非基督教教义。它用基于五种柱式[7]的专制体系取代了中世纪的活力、自由与色彩。”[8]基于这一背景，沃特豪斯——虽然他依旧基本保持了原始方案的平面设计——决定对博物馆原始方案的风格进行彻底的改变，从意大利文艺复兴风格变为德国罗马风风格，但对此，人们并不会感到十分意外。这一最终方案凸显了建筑师的精明老道：通过将其设计为早期罗马风建筑风格，沃特豪斯可以将他的哥特风格倾向与新古典主义者的要求[9]同时糅合在一起，这是因为罗马风本

---

① 这一项目拥有独立的建筑师与雕刻师。

② Bergdoll. European Architecture 1750-1890[M]: 215.

③ Jarvis Chris. Acland’s Amazing Edifice[M]// The Story of the Building of the University Museum and the Rebirth of Science at Oxford.Oxford: Oxford University Museum of Natural History, 2010: 1.

④ “风格之争”特指发生在19世纪的英国建筑设计圈内的，新哥特主义拥护者与新古典主义倡导者之间的争论。

⑤ 奥古斯都·威尔比·诺斯摩尔·普金(Augustus Welby Northmore Pugin, 1812年3月1日—1852年9月14日)，是19世纪英格兰建筑师与建筑理论家。他的代表作为哥特风格的英国议会大厦内部装饰。乔治·吉尔伯特·斯科特爵士（Sir George Gilbert Scott, 1811年7月13日—1878年3月27日）是英国著名的维多利亚时代建筑师。他一生主持设计建造了800多栋建筑，是不列颠历史上最多产的建筑师之一。

⑥ Girouard Mark. Alfred Waterhouse and the Natural History Museum[M]. London: The Natural History Museum, 1981, 2009: 17.

⑦ “五种柱式”特指发源于古希腊与古罗马文明的五种最主要的柱子样式，其分别为塔斯干（Tuscan Order）、多立克（Doric Order）、爱奥尼(Ionic Order)、科林斯(Corinthian Order)、复合柱式（composite Order）。柱式是古典建筑最为重要的建筑符号与设计元素。

⑧ Girouard. Alfred Waterhouse and the Natural History Museum[M]: 31.

⑨ 此处特指博物馆甲方对古典主义的钟爱。福克上尉设计的文艺复兴风格传承了古典主义的柱式，因此在最初的设计竞赛中得到评委青睐。

身就与这两种建筑风格有着密切的联系[1]。

不仅借罗马风建筑的影响而在“风格之争”中抢占了“无人地区”[2]，这一设计方案也将存在于维多利亚社会中心的，宗教信仰与科学理念之间的基本两重性与矛盾性加以展现。在这栋博物馆中，从教规教义中获取的设计元素极为丰富，沃特豪斯早期设计的中间部分呼应了1506年伯拉孟特的圣彼得大教堂设计[3]，并且许多其他的建筑设计元素——如礼拜堂、塔楼、尖塔、山墙、入口等——都能追溯回沃特豪斯曾经参观过的许多德国大教堂：诸如，安德纳赫圣玛丽大教堂，巴姆贝格主教堂，雷根斯堡圣雅各布大教堂，科隆圣格里昂大教堂，以及沃尔姆斯圣彼得大教堂等。[4] 沃特豪斯对他所掌握的原始素材掌控自如，并且对他所要达成的目标胸有成竹：“去攻击教规教义的限定并非不可办到，事实上这种趋势不久就蔓延到整个欧洲大陆。可维多利亚式的博物馆往往被赋予一种专注的、传教士式的精神[5]，这恰恰与它们那与世俗天主教堂相似的外观十分合拍。”[6]

就像在牛津大学博物馆中，平衡宗教信仰建筑观的是科学世俗主义建筑观。而与之极为相似，伦敦自然历史博物馆中的铸铁立柱与屋顶桁架则代表了那个时代最为杰出的材料技术和已应用在铁道建筑中的创新语汇，从而使那已经十分震撼的中庭更加飞凌绝顶，锦上添花。事实上，尽管结构体的大部分都被隐藏在陶砖饰面之后，沃特豪斯还是广泛使用了一组整齐有序的铁质梁柱结构网络。除此之外，通过使用大量由倒模彩陶制成的动物学装饰，使得在那个时代蓬勃发展的自然历史学科也得到了恰当且全面的体现，这其中包括那令人难忘的“沿着东侧女儿墙耸立的一排业已绝种的怪兽，攀爬在中庭中的猴子，以及位于东展廊上方的渡渡鸟。[7]”

其实，一种处于自然历史博物馆核心的辩证关系已经变得十分明了了。那天主教堂式的中庭——甚至还包括二层拱廊、底层侧拱廊以及侧边的礼拜堂而使之更加完整——以及那分门别类的动物装饰，均被一个令人叹为观止的屋顶所覆盖；“而在这下面，一位冷峻务实的沃特豪斯，用铁与玻璃制成的屋顶，替代了那人们或许期望看到的，庞大而沉重的罗马风券顶。[8]”于是，那个时代的核心问题——宗教创世论与世俗达尔文主义之间的冲突——便体现在建筑形式与空间之上，并且从我们当代的角度来看，令人惊奇的是，这种对立关系并非简单地表现为两极，而是存在着许多中间区域。在那个时代的牛津大学里，“所教的科学往往被称为‘自然神学’，而且被看做是了解上帝的创造力，并通过对自然界的观察来佐证圣公教教义与圣经创世说的一种方法。”[9] 而自然历史博物馆中的大人物们却笃信[10]：“物质世界由上帝所创造，并反映了上帝的智慧与意图。一所自然历史博物馆就应该展示并明释这一神圣创世论的合理性；它就应该通过一种虔诚的宗教精神来逐步实现。”[11]因此，回到我们最初提出的问题，我们自

---

① 罗马风建筑大概起源于6～10世纪，遍布欧洲大陆的绝大多数国家。它上承古典主义建筑风格，下接哥特建筑风格，因此与两种风格都有联系。

② “无人地区”英文为No-man’s Land，特指无人占领的土地，或因双方有争议而搁置开发，双方均不对其移民的土地。

③ “Girouard. Alfred Waterhouse and the Natural History Museum: 26～27.“在一个正方形平面上，四角的四个小穹顶拥绕着中间大楼梯上方的大穹顶” Ibid: 27.

④ Ibid: 42.

⑤ 这里暗喻维多利亚时代的博物馆多以尽可能多的展示、传播知识为基本功能，在这一点上与传教士的执著颇有些相似。伦敦自然博物馆是这种精神的典型代表。

⑥ Girouard. Alfred Waterhouse and the Natural History Museum: 27.

⑦ Ibid: 59.

⑧ Ibid: 36.

⑨ Jarvis. Acland's Amazing Edifice:1.

⑩ 这里暗指欧文。

⑪ Girouard. Alfred Waterhouse and the Natural History Museum: 26－27.

然可以理解当代那些可以相互比较的对立困惑，但是却很难看到——或根本看不到——通过建筑将这种对话赋予实体，加以展示。可有趣的是，我们或许可以询问自己，是否我们自己的当代建筑物已经从这种传示意义和体现意识形态对话的负担中解脱了出来，或者更甚者，是否所有这些都已经在那意义匮乏的生产线式建筑设计过程中丧失殆尽！

劳拉·H·汉克斯博士，现任英国诺丁汉大学建筑学院副教授，博士生导师，博物馆建筑专家。其目前的研究方向为博物馆与地方可识别性。

The Riddle of the Victorian Mind: faith versus science at the Natural History Museum

— Laura Hourston Hanks

The presence of uncertainty is one of life's few certainties, the only alteration through time being the nature of the difficulties and dilemmas faced by successive generations. In our current recessional economic climate, many are challenging the previously hegemonic and seemingly inevitable structures of a Western capitalist system, whilst scientific revelations of dramatic climate change have affected public and professional consciousness, at times dividing opinion. In Britain in the 1870s, when the Natural History Museum project was in its infancy[①], a fundamental dilemma lay at the heart of public life and awareness, and crucially this battle - between the realms of faith and science - was contested and manifested in the architecture of the day.

Christianity – and particularly High Church Anglicanism and Protestantism – were central structures in Victorian life. Lives of millions in Britain were socially and morally determined by the ethos of the church, and practically structured around their faith. Indeed, this religious landscape affected all aspects of life, the aesthetic being no exception. For example, the then highly influential Ecclesiological Society consisted of "High Church advocates for Gothic Revivalism whose approval was eagerly sought by a whole generation of Anglican architects."[②] Society members espoused that: "in addition to meeting a rigid list of liturgical requirements, new churches should take as their stylistic point of departure what the historian E. A. Freeman called 'the early late middle pointed',[③] and soon other building types were subject to the same aesthetic treatment."

① The Museum opened in 1881.

② Bergdoll Barry. European Architecture 1750-1890[M]. Oxford & New York: Oxford University Press, 2000: 197.

③ Ibid: 164. (As recalled by G.G. Scott. Personal and Professional Recollections[M]. London, 1879: 203)

The Victorian era was also one of great advances in science and technology, building on the Humanist principles and scientific reasoning of Enlightenment thinkers from the previous century. The Industrial Revolution was being powered by technical innovation and the Imperialist project was integrally bound to scientific exploration, with millions of geological, zoological and botanical specimens finding their way back to Britain from far flung corners of the Empire. In the wake of publication in 1859 of Darwin' s *On the Origin of Species*, debates on creation versus evolution raged, and museums of natural history naturally enough found themselves at the epicentre. Indeed, seven months after its publication, on 30 June 1860, the newly completed Oxford University Museum hosted one of the first public debates on Darwin' s theories of evolution. This building, the poetic vision for which hailed from John Ruskin, and the detailed design and construction from Deane and Woodward and the O' Shea brothers①, conjoined stony gothic – the architecture of faith – with a cast iron skeletal frame and glazed roof – the architecture of science – in an intimate reconciliation of the sacred and secular. The structure:

Simultaneously celebrated God' s presence in all things and mankind' s capacity to order and penetrate nature' s abundant diversity. Under the chisels of the O' Shea brothers, brought over by Woodward from Ireland, the window and door frames were to be rich in naturalistic ornament, a modern evocation of the medieval cathedral façades Ruskin celebrated as stone bibles.②

This neat resolution of the inherent tension between opposing positions was not so apparent at the time of the Museum' s construction, though, when then the University Master, Dr. Plumptre, fired the O' Shea brothers for carving parrots and owls on the Museum' s front facade:

That the leading members of the University should think themselves wise and yet be merely parroting the ideas of others was too great an insult and O' Shea was ordered to strike off their heads. When he replied "Never!" he was immediately dismissed, although he did return to knock off the heads; the row of headless bodies "ornamenting" the entrance to this day.③

A similar materialisation of this ideological dispute was in evidence at the new Natural History Museum in London, where Alfred Waterhouse took over the commission in 1865, following the untimely death of his predecessor, Captain Fowke. Fowke had won an architectural competition for the project with an early/mid Italian Renaissance style design, but the transformation that occurred next was to be a quiet sortie in the now established Battle of the Styles.④ "Waterhouse, like many of his contemporaries,

① The project architects and stone masons respectively.

② Bergdoll. European Architecture 1750-1890[M]: 215.

③ Jarvis Chris. Acland' s Amazing Edifice[M]// The Story of the Building of the University Museum and the Rebirth of Science at Oxford. Oxford: Oxford University Museum of Natural History, 2010: 1.

④ A series of tussles between proponents of neo-Gothic and neo-Classical architecture.

became an enthusiastic supporter of the Gothic Revival, and an eager imbiber of the writings of Pugin, Scott and, above all, Ruskin"[1], and like his fellow Gothic Revivalists, was unwavering in the belief that "...the Renaissance was a disaster. Its roots, they contended, were pagan, not Christian. It had replaced the vitality, freedom and colour of the Middle Ages with the tyranny of the five orders."[2] Given this backdrop, it is unsurprising that, whilst retaining much of its planning, Waterhouse decided to radically alter the stylistic allegiance of the Museum's initial design - from Italian Renaissance to German Romanesque. The decision was an astute one: by drawing on the architecture of the earlier Romanesque period, with its links to both traditions, Waterhouse was enabling a compromise between his own Gothic leanings and requirements of the neo-Classicists involved in the project.

Occupying no-man's land in the Battle of the Styles with its Romanesque influence, the design also revealed the fundamental duality or conflict between faith and science at the heart of Victorian society. Ecclesiastically derived elements of the design are numerous, with the central portion of Waterhouse's building referencing Bramante's famous paper design for St. Peter's in Rome of 1506[3], and many other features of the architectural design – including chapels, towers, spires, gables and portals - are traceable to the cathedrals of Germany visited by Waterhouse: the Liebfrauen Kirche at Andernach; the Gnadenpforte at Bamberg; St. Jacob's in Regensburg; St. Gerion, Cologne, and the cathedral of St. Peter at Worms.[4] Waterhouse was in complete control of his sources and clear about his objectives: "to strike this ecclesiastical note was by no means inept; indeed it was soon taken up all over Europe. Victorian museums tended to be built in a dedicated missionary spirit that was in sympathy with their presentation as secular cathedrals."[5]

As at the Oxford University Museum, counterbalancing this architecture of faith was an architecture of scientific secularism. Most analogously to Oxford, the cast-iron columns and roof trusses drew on the latest material technologies of the age and the innovative language of railway architecture, providing a soaring climax to the already impressive Central Hall. Indeed, a regular grid of structural iron columns and beams was widely utilised by Waterhouse, albeit largely concealed behind terracotta facing. The newly burgeoning discipline of natural history was also appropriately represented throughout, with a multitude of terracotta cast zoological decorations, including, memorably, a "...line of extinct monsters along the eastern parapet, the climbing monkeys in the Central Hall and the dodo in the east gallery above it"[6].

A dialectical relationship at the heart of the Natural History Museum is clear,

① Girouard Mark. Alfred Waterhouse and the Natural History Museum[M]. London: The Natural History Museum, 1981, 2009: 17.
② Ibid: 31.
③ Ibid[M]: 26-27. "Four subsidiary domes at the corners of a square led up to a great central dome, rising above the staircase hall[M]." Ibid: 27.
④ Ibid[M]: 42.
⑤ Ibid[M]: 27.
⑥ Ibid[M]: 59.

with cathedral nave – complete with triforium, arcades and side chapels – ornamented with a classificatory array of animal species, all crowned with a spectacular roof; "overhead the unsentimental practical Waterhouse emerges, and replaces the massive Romanesque vault one might have expected with a roof of iron and glass." [1] Here then a central dilemma of the age – the conflict between a religious creationism and a secular Darwinianism – was made manifest in architectural form and space, and surprisingly from our contemporary perspective, the opposition was not entirely simple, with some middle ground being revealed. At Oxford University at this time "the science that was taught was often called 'Natural Theology' and was seen as a way of studying God's design and reconciling the Anglican Church and Bible's view of creation with observations of the natural world," [2] and key players at the Natural History Museum believed that, "the material world revealed the wisdom and purposes of God, who had created it. A natural history museum should display and make evident the divine rationality of creation; it deserved to be approached in a reverent and religious spirit." [3] So to return to our beginning, we can comprehend comparable dilemmas in our contemporary age, but rarely, if ever, see architecture concretising such dialogues. It is interesting to ask whether our own buildings are freed by release from the burden of such signification and ideological discourse, or rather, if they are impoverished as a result of deductive design devoid of meaning.

① Ibid[M]: 36.
② Jarvis. Acland's Amazing Edifice[M]: 1.
③ Girouard. Alfred Waterhouse and the Natural History Museum[M]: 26-27.

4 博物馆“演化”进行时

从1881年到2011年，伦敦自然历史博物馆如今已经走过了130年的时光。在此期间，一方面自然科学的长足发展使得标本量继续增多，科研规模持续扩大以及大量先进设备仪器陆续投入使用，这些因素都导致了原有博物馆的空间面积愈发捉襟见肘；而另一方面，科学技术在20世纪后半叶的突飞猛进与信息化时代的到来又使得大量维多利亚时代的展陈布置愈发显得老旧过时。因此，综合以上这两个因素，扩建与改建变成了始终摆在历任馆长与董事会案头上的重要议题，而相应的南肯辛顿也变成了伦敦最具有“可持续性”的一块大工地。

这百余年来，自然历史博物馆先后共经历了数十次建筑与展陈方面的变动。有些变化大刀阔斧，效果明显，而有些改动则谨小慎微，难以明察。如果以恰好处于时间中点的第二次世界大战为分界线，则可以把它分为两个发展板块。在这其中，19世纪80年代初至20世纪30年代末是第一个发展板块。那是大英帝国在全球急速扩张其势力与影响的黄金时期，因此博物馆的扩建也集中体现为尽量扩大展览面积，尽量容纳尽可能多的标本，从而——按照欧文的想法——为这个“世界上最伟大的商贸与殖民帝国增添荣耀”。而在随后的1939～1945年，英国卷入了第二次世界大战。虽然最终英国所属的协约国盟军取得了战争的胜利，但是这场几乎席卷全球的大战不但击溃了法西斯轴心国集团，也同时摧垮了由欧美老牌帝国主义国家构筑起的旧世界格局。一来，联合国的诞生使得世界各国都可在一个相对平等的国际舞台上讨论决定重大国际事务，从而使帝国主义势力在世界范围内的霸权得以削弱。再者，位于亚非拉的各个欧美殖民地国家在战后纷纷要求脱离宗主国独立，这一趋势直接导致了大英帝国最终瓦解为一个松散的组织——英联邦。这些战后的新国际形势迫使英国不得不重新思考定位自己在国际社会中的地位与作用，从而越来越以一个先进但普通的国家身份参与国际事务。与政治相比，这场思变对自然历史博物馆的影响则表现得更为突出：不言而喻，展现帝国之伟大与荣耀已经不合时宜也不受欢迎，相反博物馆应该依靠自身独有的庞大标本收藏而努力成为世界自然学科的研究中心，自然科学普及与教育的排头兵，以及最新展示设计与展览艺术的先锋舞台。因此，时处20世纪70年代之后的第二个发展板块充满了求新图异、迅雷烈风般的剧变，不但大量的展馆得到彻底的更新，而且几个扩建项目也都异彩纷呈，引人瞩目。

纵览这段百余年发展史，不断有新“成分”出现的自然历史博物馆就如同达尔文理论中的生命一样在不停地演变、进化。无可否认，建筑及展览设计在这场演化进行时中扮演了决定性的角色，而这一系列独特的“建筑进化史”则非常值得仔细品味，认真解读。

4.1 战前发展

第一个发展板块跨时近一个甲子，大致包括三个项目——鲸类馆、酒精楼和特灵自然历史博物馆。

我们知道，自1881年开馆时起，原本庞大的博物馆又因馆藏成倍增加而显得拥挤不堪。因此，为了尽可能多地安排展示和储存空间，欧文把连地下室在内的几乎所有可用的地方都派上了用场。但是即使如此，不但空间仍然远远不够，而且标本安全也是隐患重重。博物馆必须立刻通过扩建来解决问题。而在此同时，一位生活在伦敦西北乡下的年轻人正在酝酿着要建立一所自己的小博物馆。但是他不知道，这所乡村小博物馆将会在不久的将来对南肯辛顿产生巨大的影响。

4.1.1 鲸类馆 (The Whale Hall)

与历史博物馆、科技博物馆或美术馆不同，自然历史博物馆的收藏往往包括许多尺寸巨大的展品，如鲸骨架、大象与犀牛标本，还有恐龙化石等。而于何处安置这些庞然大物则更是一件令人头疼的事情。起初，在欧文看来这些“自然的奇迹”理当放在作为索引博物馆的中央大厅内。于是在最初的几年里，先是一条长达15.3m的抹香鲸骨架，后是五只非洲象的标本，大块头们被轮流放在大厅中展出。然而，久而久之，逐年增加的大型标本使得中央大厅也日渐拥挤，博物馆不得不为这些自然界的“巨人”们另辟安身之所。19世纪80年代中期，欧文勉强同意在主馆北面的背地上搭建了一个临时建筑来为这些巨大的标本遮风避雨。但是这一权宜之计对于一个刚刚面世的大型博物馆而言不得不说是个令人尴尬的局面。争强好胜的欧文估计不会满意于将抹香鲸永远放在一个大帐篷底下，因此很有可能，列入欧文扩建名录的第一批展馆中便有与主馆北侧相连的鲸类馆。但不幸的是欧文自己再也没有机会看到这一展馆落成了。他在1892年与世长辞，而北面的临时篷子则一直用到了1930年。在那一年，博物馆董事会在争论许久后终于下决心兴建一个永久的新鲸类馆（图4-1）。

这是一处紧靠北厅的加建项目，由建筑师约翰·哈顿·马克汉姆（John Hatton

图4-1

19世纪末时博物馆拥挤不堪的中央大厅，照片中可见大量展示鸟类标本的玻璃展柜和大小四只非洲象标本，另还有两只非洲象的头颅标本被挂在正面大楼梯的平台上方两侧

图4-2

鲸类馆的建筑结构设计十分坚固，采用了承重能力极强的梯形拱架

Markham）设计建造。显而易见，这位建筑师采用了在当时十分新颖的材料——钢筋混凝土——来架构起大厅的结构。展厅分为两层，占据中间绝大部分面积的是通高大空间，二楼仅为一圈跑马回廊。一系列极为粗壮的钢筋混凝土柱子承托起类似于厂房结构体的梯形拱架，进而创造出高大的内部空间。其结构强度足以用来承载悬挂在空中的鲸鱼骨架标本。一系列连续高侧窗排列于梯形拱架腰部，呈一定角度面向天空，从而保证了室内极佳的天光效果。大厅的外立面很难看到，没有任何修饰，而内立面也仅使用白色灰浆抹面。这种简约的现代派手法和布满雕饰彩绘的沃特豪斯主馆仅一墙之隔，却形成了鲜明的对比，往往使得那些从维多利亚式的富丽堂皇突然间转换到包豪斯式的简洁的游客们难以适应。然而，对于这种“不协调”的突变，博物馆方面却毫无意见。董事会认为这种新颖的建筑形式在功能与空间上都与其展览内容珠联璧合，使用在这里非常得当（图4-2）。

工程进行得十分顺利，在不到两年的时间里，鲸鱼与大象们就搬进了新家。此外，当时博物馆还拥有一条长达25米的蓝鲸骨架。这是一条在1892年不幸搁浅于爱尔兰东部韦克斯福德湾（Wexford Bay）的庞然大物。作为世界上现存最大的动物，这一稀有展品自然吸引了大量的游客。如今新馆落成，蓝鲸骨架有了一处完美的展示空间，但博物馆的管理者们此时却萌生了一个新想法：他们不但要展出一副骨架，还要展出这一庞然大物活着时的形态。当然，制作一个如此之大的实体标本不但价格昂贵，而且从当时的技术角度考虑也不现实，因此，一尊惟妙惟肖的木质模型被严格按照科学测量与记录建立起来。

从1937年到1938年12月，在科学家弗朗西斯·弗雷泽（Francis Fraser）的指导下，模型制作师珀西与斯图亚特·斯塔姆维茨（Percy and Stuart Stammwitz）及一批手艺最精湛的木匠在北侧新馆里逐步搭建起了这一长达27.4米的蓝鲸。这一巨大展品的重量被事先精确计算来适应大厅结构的负荷强度。而在正式开工之前，珀西与斯图亚特·斯塔姆维茨先于1936年制作了一个2米长的模型，用来学习蓝鲸的形态。随后在次年年中，全尺度模型正式开工。整个施工过程向公众开放，使得人们可以亲眼看到这一庞大模型是如何一步步地搭建起来的。由于它的惊人尺度，木匠们与其说是在制作一个模型，还不如说是在建造一座木结构房屋或木船。首先，鲸鱼模型的大体形状先由类似轮船龙骨的粗大木结构大致勾勒出来；之后，再在其外部用细木条密密麻麻地结成网络，从而形成第二层结构并进一步修饰外形曲线；接下来，工匠们需要在细木条网上仔细覆上石膏并雕刻出外表皮纹理及细节；最后，再由绘师按照真实蓝鲸的色彩将整个模型精心上色，这才算是大功告成（Treasures of the Natural History Museum：186）（图4-3、图4-4）。

图4-3

工匠们在制作全尺寸蓝鲸模型的木骨架。照片左下角可见用于学习蓝鲸形态的两米长工作模型

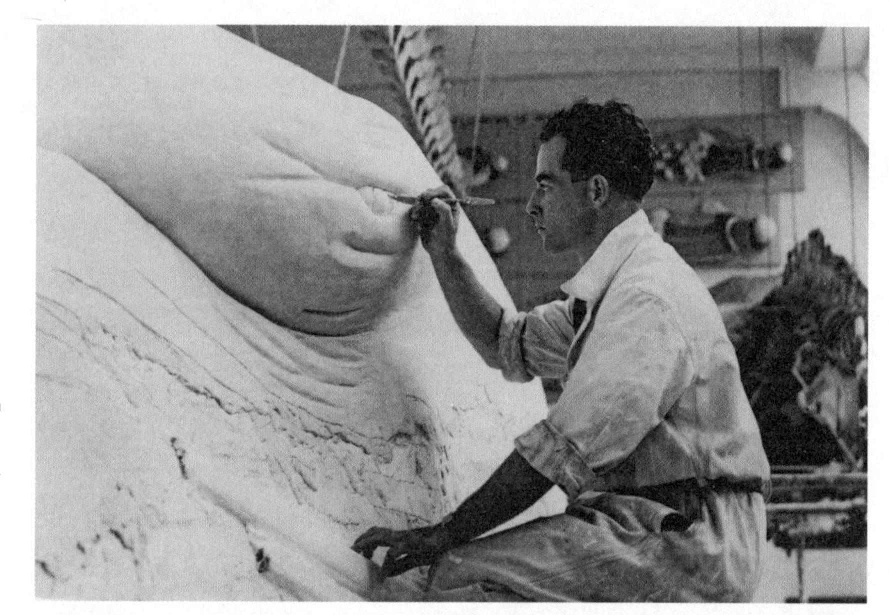

图4-4

蓝鲸模型已被覆上石膏，斯图亚特·斯塔姆维茨在全神贯注的雕刻蓝鲸的眼睛

图4-5

工匠们与完工的蓝鲸模型木骨架合影留念。其庞大的体量完全可以当做一栋木房子来使用

在施工期间，工人们在鲸鱼身上预留了一处通往其内部的暗门，而他们有时就直接吃住在蓝鲸的肚子里。当最后完工时，鲸鱼身上的这处暗门依然被保留了下来。但在第二次世界大战之前的几年里，有传闻说斯塔姆维茨曾允许一个罪犯藏在里面。虽然这个传说始终未被证实，但是博物馆方面为了名誉起见最终将暗门永久地封死了。而这件事情在当时被看做是一个极具隐喻的行为。喜欢八卦的英国人至今仍然传说着，在当时，工人们在封死暗门前曾在蓝鲸的肚子里放了一些留给未来的秘密，而且有一条直接通往外部的电话专线被留在了里面。虽然博物馆肯定不会同意去锯开鲸鱼模型来查看这些传闻的真伪，但

这也足可见在当时人们对其施工过程的兴趣绝不亚于最终的成品（Thackray: 103）。如今，蓝鲸依然悬挂在北侧鲸类厅的拱架之下，历经70多年，它依然是馆内最大的展品，依然一如既往地吸引着千百万游客为它的巨大体量而惊叹（图4-5）。

今天的鲸类馆实际上已经成为了大型哺乳动物陈列大厅。这里不仅仅在空中悬挂着几十具大小不等的鲸与海豚等鳍足类动物的标本和模型，其中央大厅的地面上还陈列着诸如大象、长颈鹿、河马、犀牛、羚羊、海牛等各种现生大型哺乳动物标本。除此之外，很多已经灭绝的大型哺乳动物化石也能在这里找到。这其中包括世界上唯一一具完整的重脚兽化石、始祖马的化石以及一系列远古大象的化石。与欧文百年前的初衷不同，这个原本也是为展示造物主之伟大而建立的展厅现在却在展览中处处强调进化论的观点。这里并没有特定的流线设计。观众可以借助位于大厅各个角落的楼梯随意上下跑马回廊，从而选择最好的角度去观赏这些大型标本。但是无论你身处何处，都不会错过那些经过精心布置的，关于马的进化、象的进化，以及鲸的进化等系列标本展台。很显然，“达尔文”如今在这里无处不在（图4-6）。

建筑设计的最初背景理念与后来者的不同使用方式之间的矛盾可能出现在任何建筑之中，这原本十分自然，然而在伦敦自然历史博物馆中却是一个非常有趣的现象。即使在今天，尽管欧文的创世论与达尔文的进化论之争在博物馆的科学家们看来，孰是孰非早已有了定论，然而对于博物馆董事会而言，对创始人的尊重和对科学的信仰依然纠结费解，难以决断。鲸类馆已多少体现出了这种矛盾，而在之后的章节里我们还会看到这一矛盾陆续出现在更多的展廊之中。

图4-6

今日的鲸类馆全景。蓝鲸模型依然被悬挂在大厅正中间，周围可见各种大型哺乳动物标本，左侧底层第二开间内所展示的骨架是世界上唯一完整的重脚兽化石

4.1.2 酒精楼 (The Spirit Building)

地球上的生命千姿百态，有的身披毛发革皮，十分强壮，有的则身体娇嫩柔软，非常脆弱。对于自然历史学家而言，如何将如此众多又迥乎不同的物种做成栩栩如生的标本是一门非常严肃的学问。高等的哺乳动物、鸟类和爬行类动物等往往周身覆有毛皮或鳞甲，因此其标本制作多可采用剥制法，其成品干燥且重量不大，非常易于展示与保存。但是对于很多较为低级的动物，如鱼类、两栖类和软体动物而言，它们柔软的身体无法在干燥的情况下保持原有的形态，因此必须采用浸泡法来整体保存。

19世纪以及之前的英国自然历史学家们喜欢用酒精而不是福尔马林来作为防腐剂浸制标本，这个传统的来源已经不好明察，但可能与当时的海外探险潮有一定的关系。在大英帝国鼎盛时期，不列颠的科学家们都以能够身体力行地进行海外考察，探索西方文明从未触及之地而自豪。在当时不甚发达的交通与通信条件下，那种孤帆一叶走天涯的英雄豪气的确成就了很多自然科学史上最伟大的发现。考察时间往往有限，随科考船来到异地他乡的科学家们一般都会抓紧时间收集尽可能多的动植物标本，因此如何有效地解决大宗标本的保存问题就变得至关重要。不难想象，在容积有限的科考船中不可能放置大量从本土带来的防腐液，而福尔马林这种比较稀罕的化学品也基本不可能在相对落后荒蛮的目的地随时搞到。但是，世界各地几乎所有文明都多少有酿酒饮酒的历史，酒基本上是随时随地可以买到的东西。于是凭借着这个便利，英国的自然科考队往往用当地买来的酒做防腐液来保存标本。

这其中，达尔文就是一个典型的例子。1831年12月27日，年轻的达尔文如同其他很多同时代的同行一样，怀着无比激动的心情随皇家探险船比格尔号（H.M.S. Beagle）踏上了前往南美洲的漫长征途。在随后的五年时间里，他沿途收集了数千件标本，而这些为日后进化论的奠定起到至关重要作用的标本很多都被泡在当地购买的葡萄酒里分批次寄回了英国。达尔文在酒瓶上清楚地记录下了瓶中的内容——“泡在葡萄酒中的爬行动物， 泡在葡萄酒中的鱼，泡在葡萄酒中的昆虫”等（Wyhe：19）。可以想象，当这些容纳着稀奇古怪动物的酒瓶到达英国口岸时，邮递员一定是满脸的错愕。

另一个有趣的例子则来自于牛津大学自然历史博物馆的创始人——亨利·阿克兰德（Henry Acland）爵士。在1846年，这位刚刚新婚不久的年轻学者意气风发地奔赴北方的苏格兰高地和舍德兰群岛（Shetland Isles）去采集生物标本。由于使用了挖泥机等在19世纪尚且十分时髦的新型机器设备，他很快就收集了满满14大箱子各类标本。很显然，没有适当的保存手段，这些堆放在一起的大量标本会很快变质腐烂，于是，深谙当地风土人情的阿克兰德自然而然地想到了著名的苏格兰威士忌。这随后的结果不言而喻，在回程的船上，这位牛津学者带了大量的威士忌酒桶，而里面除了醇香的酒以外，还浸泡着各种各样的大小动物尸体。可令他没有想到的是，这批特殊的货物在伦敦入关时碰到了麻烦。由于酒的进口税很高，而阿克兰德自己既不是商人又没有合格的手续，却以私人的身份带回了如此之多的威士忌，这自然令人怀疑。最后，尽管他怒气冲天地再三解释说，所有这些酒都仅仅是作为标本保存液而无法饮用，没有商业用途，但固执的海关官员还是不仅扣押了所有的酒桶，而且将阿克兰德以走私嫌疑暂时逮捕。这件令人啼笑皆非的误会直到牛津大学出面作证才得以化解（Jarvis：3）。

在大英博物馆（自然历史部）的储藏室里就有大量的浸制标本。很显然，这些由几代英国科学家在17～19世纪里逐步收集起来的标本多浸泡在酒精之中。于是，这便有可能成为博物馆沿袭至今的一个不成文的传统——将很多标本浸泡在充满了酒精的瓶瓶罐罐中保存起来，而不是别的什么液体里面。

大英博物馆（自然历史部）这种规模的单位所拥有的瓶瓶罐罐绝不是一个小数目。如今，博物馆共拥有7000多万件藏品，其中，仅需要浸泡保存的就有2200万件之多。这些脆弱的标本被存放于约40万个大小不一的玻璃容器之中，浸泡在大约35万升酒精里面（Thackray：90）。虽然现在每年的标本数量仍在不断增加，但凭借瓶身上的标签可以看出，有相当一部分标本已有上百年的历史。由于受到动物保护法的严格限制，如今收集标本已经不像在19世纪那样随意。因此，对于很多现已濒危的物种而言，那些在维多利亚时代积累起来的标本也许就是独此一份的孤本了。由此可见，早在19世纪，博物馆就已经拥有了数目惊人的浸制标本。

在主馆竣工后不久，欧文就意识到如此大量的浸制标本是个问题。不但这些数目庞大的瓶瓶罐罐在现有展示空间中无论如何也无法全部摆开，而且即使想将它们集中存储起来仅供研究使用，崭新的博物馆中竟没有为其特别设计一处合适而安全的库房。众所周知，数十万升酒精是一个巨大的火灾安全隐患，必须移到主楼以外的地方妥善保管。欧文不是不知道这个道理，但是空间上的不足使得他不得不另寻权宜之计。于是，在开馆后的最初几个月里，这些玻璃罐子只好被简单地塞在了主楼的三间地下室里，但不久之后，这一草率的举动就受到了来自安全部门的严厉批评。动物部部长阿尔伯特·巩特尔（Albert C. Günther）与沃特豪斯被要求尽快在主馆外面为储藏这些瓶瓶罐罐专门另建一处建筑。建筑师给出的预算是20000英镑。政府财政方面为这笔额外的开支着实头疼了一阵，但是考虑到必要性也不得不答应拨款。

沃特豪斯不久就把这栋小楼建了起来。由于主要用于存放盛满酒精的标本瓶，人们都管它叫做“酒精楼”。这幢建筑位于整个基地的东北角，现已不存。虽然它被用来储存罐装标本约半个世纪之久，但如今，除了一些零散的建筑图纸，却无法找到该建筑的任何一张照片。沃特豪斯本人也对这一纯粹功能性的小楼不曾多提。由此可以想象得出，它曾是多么的简陋寒酸（图4-7）。1921年，博物馆决定在场地的西北角处另建一座规模更大的新酒精楼来替换已经设施落伍、拥挤不堪的老楼。三年后，工程竣工。除鱼类标本以外的大部分动物标本于当年便被转移到了宽敞许多的第二代酒精楼里面。在之后的14年里，第二代酒精楼又经历了多次扩建来适应不断增加的标本，直至1938年才完全建成。这时的酒精楼已经拥有了16个大型储藏室，内含总长25km的储架，足够博物馆未来几十年的发展与使用了。

1996年，第二代酒精楼也被拆除了。它完成了自己在自然历史部博物馆的历史使命，告别了守护了78年的藏品标本。与曾位于东北角的老酒精楼一样，这座纯功能性的建筑在外观上也是非常普通。虽然内藏着博物馆中最令人咂舌的一批标本，但却鲜有人知道并注意到它的存在，以至于最后连一张像样的照片都难以找到。在第二代酒精楼之后，原地拔地而起的是另一座崭新的科研建筑——达尔文中心。尽管这座新楼有着响亮的名字，但是博物馆的工作人员们还是乐意叫它酒精楼，因为它继承了当年两代酒精楼的功能，继续守护着那对于博物馆而言已不仅仅是科研的资料，而是宝贵遗产的数千万件浸制标本（Thackray：90-91）（图4-8）。

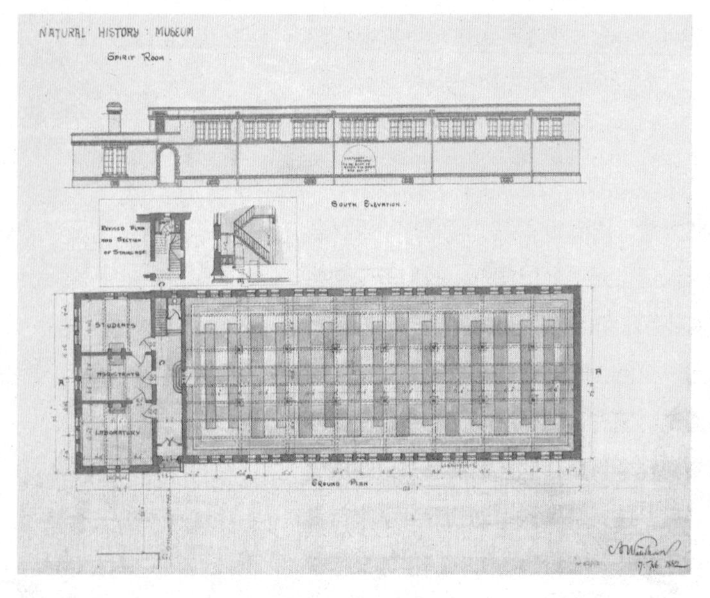

图4-7

沃特豪斯于1882年设计了位于主馆东北角的第一栋酒精楼，图中可见底层平面图，南立面图，以及部分细节剖面图

图4-8

位于主馆西北角的第二代酒精楼

4.1.3 特灵自然历史博物馆 (Natural History Museum at Tring)

从伦敦市中心出发，沿着A41高速公路驱车北上，不到一个小时就会到达一处坐落在南英格兰舒缓丘陵之中的秀丽小镇。它的名字叫特灵（Tring）。城不大，人口不过一万多人。这里看不到高大的现代建筑，红砖铺就的街道纵横三四，两边都是一栋栋掩映在树荫之中的维多利亚式或都铎式别致住宅。沿着小城南面的帕克街（Park Road）向东走，在陶醉于路南美丽田园风光的同时，人们会在路北与一座高大典雅的维多利亚式红砖建筑不期而遇。那错综复杂的屋顶，高耸的烟囱，别致的凸窗与淡雅的木骨山墙都令你相信这里一定是一处幽静而舒适的田园宅邸。但是，如果您想拜访一下这里的主人，并坐在那宽敞的客厅里品杯茶，那就恐怕要失望了。因为在这里，前厅后室内摆放的不是精巧的古典家具，而是一行行布满了动物标本的展柜。这里是伦敦大英博物馆（自然历史部）的唯一一处分馆——动物部及其展厅，而熟知它的人们则都喜欢称之为“特灵自然历史博物馆”（图4-9）。

初次听说南肯辛顿还有一个偏居乡下的分部，人们总会在第一时间感到十分诧异——为什么动物部这么重要的部门不待在伦敦而会选择这么一个不起眼的小城？其实上，特灵与南肯辛顿的结缘颇为传奇——这一切都源于一个富有年轻人的动物学家梦……

图4-9

秀丽恬静的小镇特灵，远景上的红砖房即特灵自然历史博物馆

特灵的这处深宅大院原属于著名的犹太财团——罗特希尔德家族（Rothschild Family）。这个显赫的家族靠银行业起家，业务与人脉遍布欧洲许多君主国家，根深叶茂，盛极一时。在19世纪前半叶，维多利亚女王将世袭男爵的头衔赐予该家族，从此罗特希尔德们更是步入了贵族的圈子。然而，令长辈们没有想到的是，家族事业的继承人，老男爵的大儿子——罗特希尔德男爵二世，莱昂内尔·瓦尔特（Lionel Walter, 2nd Baron Rothschild, 1868～1937年）竟对财经毫无兴趣。与之相反，这位富有的少公子从七岁开始就表现出了对自然世界的无限兴趣，终日钻在周围的广阔田野中与花草昆虫待在一起。很显然，他更想将来成为一名动物学家而不是银行家。

好在这孩子的父亲——老男爵一世是个豁达的人。看到自己的儿子不愿也没有做财经的天赋，他便转而全力支持小瓦尔特的兴趣爱好。凭靠着家族积累起的巨大财富，父亲不但帮助瓦尔特收集采购了大量的标本，而且于1889年在特灵为他购置了一处地产。瓦尔特在这块地上建起了一座双连体小别墅。大的位于西面，是他自己住的；小的位于东面，是看门人的住所。这两座小房子规模不大——两层小楼，红砖红瓦，二层外立面以漆成黑色的木结构与白色灰泥墙面作为装饰——是典型的19世纪带有都铎风格的维多利亚式民居。而恰恰就是这处别致的小房产成为了日后自然历史部博物馆在特灵分部的最初雏形。

“兴趣是最好的老师”。通过辛勤的工作，瓦尔特如愿以偿，实现了自己成为动物学家的理想。这位曾经带着一大群活的几维鸟去剑桥大学报到的年轻人特立独行地将自己的生活与千奇百怪的动物世界紧密结合在了一起。他不但斥巨资支持海外探险计划，甚至自己身体力行参加探险，采集标本。不久之后，他的小房子便被大量的标本填得无处插针——准男爵把自己的家着着实实地变成了与大英博物馆自然历史部一样拥挤不堪的标本陈列室。看到孩子杂乱无章的房间，老男爵再一次表现出了父亲的睿智。1891年，他对23岁的儿子提出了开一所私人博物馆的点子，从而可将其巨量收藏与公众共享。瓦尔特一下子就被这个想法征服了，且随即开始精心策划准备起来。看到自己的大儿子开始忙忙碌碌地收拾标本，男爵夫人十分满意。因为在她看来，丈夫的本意也就是找个理由让儿子好好整理整理内务罢了。但是老男爵则不这么看，他坚信瓦尔特一定能凭借这所博物馆拼出一番天地。

不久，由瓦尔特自己的住宅改造而成的小自然历史博物馆就向公众开放了。特灵原本是一个远离大都市的偏僻小镇，这里的人民朴实单纯但知识匮乏。而现在，百姓们在自己的家门口第一次看到了如此丰富而神奇的自然历史展览，无不震惊错愕。他们奔走相告，举家前来。罗特希尔德大宅的门前则永远是门庭若市，熙熙攘攘。人们在此不但开阔了眼界，也更认识了房子的主人——这位永远带着腼腆笑容的年轻人，准男爵二世瓦尔特（图4-10）。

图4-10

特灵自然历史博物馆正立面，当年，左面的大房子是莱昂内尔·瓦尔特自己的住所，右边与之相连的小宅子是看门人的住处

尽管年轻的准男爵身材挺拔、相貌英俊，但是天生的口吃与羞涩使得他很难与观众交流。因此，在博物馆开馆的第二年，瓦尔特就聘请了两位著名的德国裔自然历史学者——恩斯特·哈特尔特（Ernst Hartert）与海因里希·乔丹（Heinrich Jordan）来分别担任博物馆的鸟类部馆长和昆虫部馆长，帮他打理博物馆的日常事务。这两位学者都是极为杰出的科学家。他们不但将特灵的小博物馆管理得井井有条，而且在日后的几十年里提携着瓦尔特在分类学方面逐步取得了举世瞩目的成就。在其最鼎盛的时候，瓦尔特的博物馆收藏了近30万件鸟类标本，225万件蝴蝶标本与上千件大型动物标本，使之成为有史以来规模最大的个人动物标本收藏；他的庭院中养的不是金鱼而是从加拉帕戈斯群岛（Galapagos）带回来的象龟；为他的马车提供动力的不是普通马匹而是六匹中非斑马；更令人惊愕的是，为了保护阿尔达布拉岛（Aldabra —— 现位于印度洋塞舌尔共和国）上的巨龟免遭灭绝的厄运，他竟然一次性买下了整个岛屿的拥有权。此外，在学术成就方面，他一生以个人名义发表了700多篇科学专著，另在两位馆长的协助下发表了100多篇论文。他描述并命名了近5000种新物种，这其中包括了18种哺乳动物、58种鸟类以及153种昆虫。无可否认，这位富有的贵族的确把自己的一生心血都倾注在了动物学研究上。他是一位热情澎湃的自然历史学研究赞助人，更是一名真正的自然历史学家（图4-11）。

图4-11

骑在象龟背上的莱昂内尔·瓦尔特

瓦尔特的博物馆在开张的时候非常小，仅凭他那两栋小屋，许多大的标本根本没地方展示。于是在1892年，老男爵又斥资在儿子的小别墅北面建了一个主展厅。这是一座二层通高带跑马回廊的大厅，建筑形式非常简单：

- 一系列铸铁柱子上承托半圆形的拱顶，从而形成主要构架。
- 构架间用红砖填充，屋顶铺设木望板及红瓦。
- 由于是做展厅，因此侧墙没有开窗，而在屋顶靠檐口端设一系列条形天窗将均匀的天光引入室内。
- 两端山墙面向上起女儿墙，外轮廓曲转回折，形成最显著的建筑造型部分。

事实上，为了节省开支，老男爵就是把当时最为常见的工厂厂房的建筑语言用在了这里。瓦尔特当年把许多大型动物标本都按照分类学原则陈列在这儿。而如今经过现代化改造的大厅依然遵循了最早的陈列哲学，只是在展览设计方面引入了20世纪末最新的展览设计元素。

现在，当您步入展廊，两行几乎占据了整个大厅空间的巨大展柜十分醒目。它们将大厅分割为左中右三条窄窄的走道。展柜非常高大，几乎与二层跑马回廊等高，红木做骨，四面玻璃，里面分为若干层，分别展示尺度不同的哺乳动物与大型鸟类。四周的墙面均为浅壁柜，使用同样的红木骨架与主展柜相互呼应，主要用于展示鸟类标本。这几组展柜都采用均匀的人工照明，但是壁柜较之主展柜更亮，从而形成高明度的背景。远远看去，四周的壁柜中均匀散射出的光芒如弥漫的淡黄色云雾，将其间大大小小的标本都润在了一起，融成一片，构成了一层模糊而神秘的深邃空间。主展柜的设计也十分有趣。由于其完全透明，因此站在一侧的走道中便可以同时看到后面过道中的游客、另一个展柜中的标本以及最后面的壁柜等几层景象。这种视觉通透感看似简单却包含着十分复杂的理论：首先，从建筑设计的角度来看，这种透明的设计增加了不同观展点之间的视觉交流，使得原本就不大的空间不至于被硬性分割，从而保全了空间的整体性。其次，从视觉艺术角度分析，由于高明度的壁柜在主展柜的玻璃面上会形成明显的映像，而两个主展柜上的多层玻璃展窗也会相互形成多层次镜面反射，因此当人们尝试着去把目光聚焦到后面的景象时，这种多层映像就会使观众不自觉地产生一种亦幻亦真、流光绰影的错觉。似乎一时间，所有这些前后交叠的标本和后面走道中的游客都浮动起来，颠倒着位置，交换着空间，恍恍惚惚如梦境一般。最后，从历史的层面上来看，这巨大的展柜不正是莱亚德在1869年埃利芬特博物馆选址研讨会上基于赫胥黎的想法而进一步提出的那种用来分隔宽窄展廊的双面透明展柜吗？这一曾出现在沃特豪斯最终方案中却未能实现的设计在当代被戏剧性地用在了特灵而不是南肯辛顿，使人不免追往思旧，触景生情（图4-12、图4-13）。

从大厅外侧的楼梯拾阶而上便可来到二楼的跑马廊。这里四周也是与楼下一样的壁柜，但陈列的是各式各样的鱼类标本。回廊围绕着一楼的主展柜，站在上面其高度恰好可以平视柜顶。而这两个巨大展柜的顶部也没有被浪费，一个用来放置着诸如大象、犀牛、长颈鹿和骆驼等大型哺乳动物标本，而另一个则承托着自南肯辛顿复制而来的大懒兽骨架模型和雕齿兽化石模型。主展柜与跑马回廊之间的狭窄空间也没有被遗忘。沿着这条窄缝，从拱架上悬挂下来许多大型鱼类标

图4-12

主展厅内高大的红木玻璃展柜，远处背景为高明度的鱼类展壁柜

图4-13

展柜内错综重叠的标本与其前后过道创造出了一种光怪陆离的展示空间效果

图4-14

主展厅二楼回廊，大型动物标本被放置在红木玻璃大展柜的顶端

本，可供楼上楼下同时观瞻。不得不说，特灵的设计人员把这处老展厅的潜能已经发挥到了极致（图4-14、图4-15）。

在19世纪末，瓦尔特的博物馆开张后不久就已在欧洲学术圈内建立起了自己的名望。不仅来访的各国学究络绎不绝，而且在两位馆长的帮助下，准男爵还多次把鸟类学与动物学学术大会介绍到特灵召开。一时间，这座偏僻小城突然变成了欧洲知名动物学家云集之处。然而，与其学术声名一起飙升的还有对博物馆规模的质疑。随着瓦尔特收藏的标本及书籍急剧增多，存储与展示空间愈发捉襟见

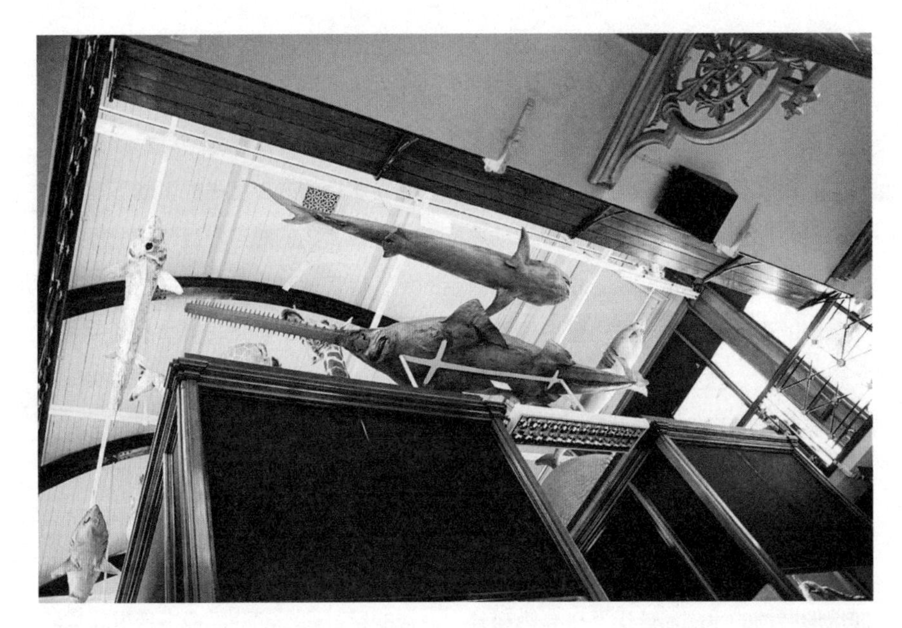

图4-15

仰视红木玻璃大展柜与二楼回廊，其间隙处被用来展示大型鱼类标本

肘起来。因此在特灵自然历史博物馆步入20世纪的时候，一系列增扩建计划摆在了准男爵的案头。

先是在1908年，一间完全没有设计感的“四方盒子”被生硬地贴在了主展厅的东侧。这是瓦尔特的图书馆。虽然有近30000卷图书藏于此地，但其过于中肯的形状和随意开出几扇窗户的立面实在无法与“建筑”二字挂钩。总的看来，从功能上讲似乎还说得过去，但从造型上而言，着实有些粗糙。

在这次小规模的加建完成两年后，瓦尔特决定对博物馆进行一次大规模的扩建。由于博物馆的现有建筑在南面和西面已经临街，所以向东拓展成为最佳选择。1910年的新增部分是一座巨大的曲尺形建筑。与前者相比，这次的扩建显然经过了周密的考量与设计。新的曲尺形部分与主展厅东北角相连并向东向南转折延伸，从而与老建筑群共同形成了一个面向南边帕克街敞开的半围合式院落空间，在整个博物馆的主入口方向加强了空间控制感与识别性。建筑本体分为三层，在外形上采用了与瓦尔特的小别墅相同的建筑语言：半地下层与一层十分高大，通体以红砖砌筑。两处面向中间庭院的主入口外罩有较低矮的门廊，檐口略微突出，上面立着以雉堞口为饰的淡黄色石质女儿墙。半地下层以小高窗采光，在室外地坪上则表现为一系列均布于外墙底部的白漆木框小窗。在其上面与之相对应的则是一系列为一层而开设的窗户。它们也采用了与女儿墙相同的淡黄色石料，以大马牙槎勾勒出轮廓，多数为田字窗棂，非常挺阔高大。建筑的顶层覆坡屋顶，以黑色木骨与白色粉墙为主题风格，上铺红瓦。而沿其长立面一排八个大型坡顶老虎窗相互连接并与主坡顶正交，形成了别致的折线檐口外观。最有意思的当属南临帕克街的两层凸窗。这一位于整个建筑南尽端山墙面上的大窗户与瓦尔特小别墅上同样朝向的大凸窗造型几乎完全一致。都是面向帕克街，分别标识着博物馆的东西两端，这两个时隔21年却如孪生兄弟般的窗户将整组建筑和谐地融为了一体（图4-16）。

曲尺形展馆的主要内部空间使用基本上是贮存——办公部分与展示部分三七开。大量的鸟类标本和鸟类部馆长恩斯特·哈特尔特的办公室占据了地下室与一层空间，而顶层则用于展示更多的动物标本。现在，我们对当年瓦尔特把什么标本放置在这里已无从知晓，但是可以肯定的是，尽管也和主展馆一样在最近进行了系统的现代化改造，这一部分展厅近百年来的布展基本逻辑与哲学却从未被改动过。今天，自主展馆的东北角拾阶而上进入顶层北展廊，人们会立刻与陈列于三排高大明亮展柜中的大型哺乳动物标本相遇。偶蹄目的羚羊和鹿，鳍足目的海狮、海豹和海象，以及鲸目的海豚等分门别类，互不混淆。这些展柜采用了与周围环境作高亮度对比的手法来烘托观展重点，效果清晰明了，使人一目了然（图4-17）。穿过展柜间的宽阔走道至北展廊东端，整个展厅便向南折并一直延伸到曲尺形展馆的尽端。这里是东展廊部分。有趣的是，这一部分展柜设计得非常梦幻，与众不同。依然是典型的左中右三排高大展柜，依然是窄窄的两条位于之间的走道，然而与北展廊那简洁的白背景和明亮的灯光不同，这里的展柜采用了深蓝色的背景和暗藏于黑色柜棂后面的一排排小聚光灯作为照明系统。站在走道中向前后望去，蓝色深邃而优雅，如仲夏的夜空；而小聚光灯朝向左右两边，以很小的角度照射出几乎与展柜外玻璃面平行的白色光线，恰似那数不清的点点繁星。各种各样的标本被这种来自两边的光线从侧面渲染，形成许多光怪陆离的投影，或彼此落于对方身上，或落在自己的身上，多了几分神秘与想象，少了几分刻板与僵硬。一霎间，你会觉得目光有点迷离，思绪有些悸动。似乎在这璀璨摇曳的人造“宇宙”中，所有的物种标本都被重新注入了生命，迎着光影微微地矜动着，如梦如歌（图4-18）。

图4-16

增建于1910年的曲尺形建筑，请注意位于图片右侧的建筑山墙面设计与莱昂内尔·瓦尔特自己的住宅立面设计相互呼应，采用了相似的建筑语汇

图4-17

曲尺形展馆二楼的偶蹄目展柜

图4-18

曲尺形展馆二楼展柜，深邃典雅的蓝色背景与流光烁影的灯光设计使之与众不同

博物馆的另一处大规模的拓展是加建于1912年的昆虫馆。这座位于主博物馆建筑群东北面的大体块建筑是瓦尔特的弟弟——纳撒尼尔·查尔斯·罗特希尔德（Nathaniel Charles Rothschild，1877～1923年）赠送给哥哥的礼物。自幼深受哥哥的影响，纳撒尼尔也是一个不折不扣的动物迷。但是与瓦尔特对几乎所有物种的广泛爱好不同，纳撒尼尔仅对昆虫学与植物学情有独钟，并非常热心于在英国建立自然保护区。他的标本收藏量与瓦尔特相比是小巫见大巫，但却特立独行地建立起了世界上最大规模的跳蚤及其他寄生虫标本收藏。纳撒尼尔一生发现并命名了289种新昆虫物种，是个真正的昆虫学家。然而使他在学术界广受尊重的还是对大量跳蚤进行的形态学分析。这项基础研究曾有力地推动了对传染性疾病的防治与研究，间接拯救了数不清的患者。

新建的展馆规模几乎比博物馆已有建筑的总面积还大，这主要是因为瓦尔特那令人叹为观止的蝴蝶与蛾类标本收藏和纳撒尼尔自己的跳蚤标本收藏的确需要极大的面积来安置。昆虫部馆长海因里希·乔丹的办公室也位于其中。于是，南面的曲尺形展馆归鸟类部，北面的展馆归昆虫部。两位馆长不但都拥有了宽敞舒适的办公环境，而且他们麾下的巨量标本也都分别可以体面地陈列出来了。

至此，在1913年，特灵自然历史博物馆在瓦尔特的手中完成了扩建。而在1915年，随着父亲的辞世，他世袭了爵位，成为了罗特希尔德男爵二世。

20多年来，在家庭的支持下，瓦尔特可以不问世事潜心做学术，最终不但建立起了一座成功的博物馆，而且也将特灵从一个偏僻小镇变成了动物学研究中心。而如今继承了爵位的莱昂内尔不得不担当起越来越多的社会政治职务，自然投入到科研方面的时间就越来越少了。于是，他开始认真地考虑起自己的标本与博物馆的未来了。事实上早在1899年，瓦尔特已凭借在自然历史方面的贡献而当选为伦敦自然历史部博物馆的董事，从而建立起了特灵与南肯辛顿的密切关系。因此，此时功成名就的男爵最希望的就是能将自己的收藏与南肯辛顿的国家收藏合为一体。在20世纪20年代，瓦尔特开始将自己的大量收藏逐批赠送予伦敦大英博物馆（自然历史部）。而在1937年瓦尔特逝世前，他作出了一生中最重要的一个决定——将所有收藏以及特灵的房产全部捐赠给自然历史部博物馆，使公众能够继续参观、学习。自此，南肯辛顿正式将特灵纳入了麾下。在随后的几年里，自然历史部博物馆逐步开始调整主馆与分馆的空间利用，将许多在主馆无法有效展示的珍贵动物学展品移到了特灵，从而在一定程度上缓解了主馆的空间压力。而在随后的第二次世界大战中，特灵更是成为了一处避难所，大量的珍稀标本被从伦敦抢运至这里，从而躲开了来自纳粹德国的空袭（Thackray：76，77）（图4-19）。

1969～1972年，博物馆的专业人员对特灵的建筑群进行了系统的现代化改

图4-19

特灵自然历史博物馆的建筑细部反映了英国乡土建筑的特有魅力

图4-20

增建于1969年的鸟类馆

造。这其中最为瞩目的变化就是老昆虫馆的拆除，以及在其原址上建立起的一栋现代派钢筋混凝土建筑。这是新的鸟类馆，用以储存自然历史部博物馆珍贵的鸟类标本收藏。建筑本身并不对外开放，储藏室、大空间实验室与办公室构成了其主要功能组织。建筑外形采用了当时流行的粗野主义风格——通体以灰色混凝土筑就，而建筑外表面则贴满石子，从而刻画出一种粗粝的视觉效果。这座四层高的灰色“混凝土块”与周围环境完全不协调。作为整个特灵唯一的一栋现代建筑，不少当地人认为它不但过于丑陋，破坏景观，而且很危险。而这后一点主要是因为：或许由于年久失修，或许由于当年施工不精，如今许多外墙面上的石子都开始松动脱落了。于是为了行人安全，博物馆不得不在一层外墙上架起了一圈网来接着时不时坠落的石块，实在是有些讽刺。谈到这里，不由得使人想起了南肯辛顿在建筑设计方面永远都要赶时髦的特点。不用说，博物馆的管理层当时也想把主馆的这个特色介绍到分馆来，只不过似乎没有控制好，有点丢面子（图4-20）！

时光如梭，自20世纪70年代以来，特灵的自然历史博物馆再也没有新的加扩建项目。而且在20世纪的最后几十年，随着罗特希尔德家族的故事逐渐淡出公众的视野，特灵的博物馆也渐渐失去了往日的辉煌。虽然南肯辛顿也一直在不遗余力地宣传特灵，但与沃特豪斯那富丽堂皇的大厦相比，这座红砖青瓦的维多利亚式乡间小屋还是知者甚少。但是，一旦您有机会去参观它，则一定不会失望。因为只有在这里您才可以体会到乡间博物馆的那份素雅与清淡；只有在这里您才能领略到融合了传统与梦幻的展览空间；只有在这里您才能读懂在百年前为创立博物馆而呕心沥血的那位男爵二世——莱昂内尔・瓦尔特。

两座雕像背后的故事

——王原

因为工作关系，我曾几次访问伦敦的自然历史博物馆（Natural History Museum）。这里有两座著名的伟人雕像，关于它们的位置摆放也还有一些有趣的故事。我应好友王琦之邀撰写本文，也是对自己有幸拜访这座世界闻名的博物馆的一点回忆。

2004年秋，我首次访问自然历史博物馆，立刻就被其古典优雅的建筑和丰富的展品馆藏所吸引。那次访问的主要工作，是在标本库观察研究收藏于此的珍贵两栖动物化石。现在，我还记得古生物部的库房位于半地下，稍抬头就能看到街面上来来往往的人腿；化石标本被整齐地摆放在一排排带推拉门的储物柜中，有的储物柜还装有多层的抽屉用于存放小的标本，十分灵活方便。标本库中的化石来自世界各地，异常丰富。我曾与一件产自澳大利亚的巨型两栖类头骨标本合影留念（图1）。

图1

古生物标本库一角（2004年摄）

自然历史博物馆的展厅有数十个，里面布满了来自世界五大洲七大洋的标本，步入其中，令人目不暇接。所有观众都会对大厅中那具巨大的恐龙骨架印象至深；而在恐龙正后方的台阶之上，大厅北侧中央十分显眼的位置，有一座黑色的人物立像与黑褐色的恐龙骨骼遥相呼应。

他就是著名的英国生物学家、比较解剖学家和古生物学家理查德·欧文爵士（Sir Richard Owen, 1804～1892年）。正是在欧文的力推下，1881年自然历史博物馆从大英博物馆中分出，单独建馆。欧文也成为该馆的首任馆长。

欧文爵士是19世纪在英国学术地位重要且论著很多的学者。其实对我们搞古生物的人来说，他更为人熟知的是创造了“恐龙”（Dinosauria）一词，用来概括当时发现的一些像蜥蜴一样的大型中生代爬行动物。恐龙的名字来源于希腊文，意思是“大得恐怖的蜥蜴”。现在恐龙已经成为家喻户晓的古生物明星，这些都源于欧

图2

位于中央大厅北侧的欧文雕像（2005年摄）

文这些前辈学者的工作。除此之外，他还研究了鹦鹉螺、非洲肺鱼、异齿兽、始祖鸟、恐鸟等许多著名的生物物种，是一位动物比较解剖学研究的先驱学者。

欧文的雕像是博物馆大厅中的一景，我在2005年冬天再次访问自然历史博物馆的时候，曾给它专门拍了一张照片。这座立姿青铜雕像被安放在一个粉红色的大理石基座上，欧文的表情显得十分严肃。基座上简洁地写着：

理查德·欧文

生于1804年7月20日

卒于1892年12月18日

本博物馆的首任馆长

（图2）。

2005年的访问还有一个小插曲，记得当时《北京晚报》上刊登了篇文章，介绍说英国自然历史博物馆旁开了个灯光滑冰场，很受伦敦市民喜爱。那天我在博物馆展厅中转了一天，到晚上才出来，却正好赶上了滑冰场的夜场。在柔和的黄色灯光掩映下，古老的博物馆充满了神秘感，而其旁边的滑冰场却是现代童话般的梦幻紫色，年轻的情侣与欢快的孩子们在烁烁闪光的冰面上如燕子般飞舞，旋转，美轮美奂。这个场景至今依然留在我的脑海里，难以忘怀（图3）。

图3

博物馆旁的滑冰场（2005年摄）

我想自然历史博物馆一定非常以欧文爵士为自豪，把他的雕像安放在显赫的位置，俯视中央大厅。但有趣的是，当我2009年再次拜访博物馆的时候，却发现这座雕像不见了，这个位置被另一位伟人的雕像所取代，他就是达尔文。

查尔斯·达尔文（Charles Robert Darwin, 1809～1882年）是英国博物学家。提到这个名字就会让人想到他的生物学巨著《物种起源》，以及他关于生物演化"自然选择"的进化理论。他还提出"所有生物都来自一个共同的祖先"，这也被现代分子生物学的研究所佐证。其实达尔文对科学界的贡献众多，他撰写了25部学术专著，涉及动物学、植物学、地质学、人类学等多个领域。他一生耕耘不断，在72岁高龄时，还发表了专著《论腐殖土的产生与蚯蚓的作用》。另外，达尔文始终是位严谨而且谦逊的学者。

其实我也认同——在英国如果有谁能与欧文比肩，占据自然历史博物馆中央大厅的，也只有达尔文了。博物馆大概担心观众们时间长了嫌闷，就把伟人们的雕像换换地方，给展厅营造些“新鲜空气”。可后来通过查阅文献才发现，原来这个位置其实是达尔文先占据的，后来才“让”给了欧文，而现在，达尔文终于重归宝位。

事情的经过大致是这样的：

1881年自然历史博物馆建馆；四年之后，由约瑟夫·勃姆爵士（Sir Joseph Boehm）雕刻的达尔文的大理石坐姿雕像被安放在中央大厅北侧正面的大台阶之上。据说欧文对此并不高兴，因为他并不是达尔文进化论的支持者，认为生物进化的驱动力不是“自然选择”，而是生物内在的“生物能量”。学术上的意见不同可以通过辩论来沟通，但是对于伦敦自然历史博物馆这样一座重要的建筑而言，谁能占据中央大厅的主位，就必然超越了纯粹学术讨论的范畴，而带有了一定的隐喻与象征色彩。

不管怎样，之后达尔文的雕像独自统治大厅长达12年。在1897年，欧文的青铜立姿雕像加入大厅，被安置在南侧入口处，正好与达尔文十分戏剧性地面对面隔空相望。1900年4月28日，另一位科学家托马斯·赫胥黎（Thomas Huxley, 1825～1895年）的白色大理石坐姿雕像也被放置在中央大厅东侧。这位达尔文的忠实拥趸恰恰位于达尔文和欧文之间，意味深长，令人回味。

20世纪20年代，由于标本的增多，大厅显得过于拥挤。而在1927年，当印度象标本挪入大厅后，馆方最终希望把欧文的雕像放在北侧的大台阶之上，统领大厅，而把达尔文和赫胥黎的雕像面对面放在靠近入口两侧的凹室空间里。但这一提议随即遭到了众多科学家的反对。牛津大学动物学教授E. B. Poulton教授说，希望达尔文的雕像能继续留在原位，因为“这位世界上曾出现过的最伟大的博物学家的雕像，放置在这座建筑中唯一与之地位相称的位置……证明了达尔文先生的观点已经得到了你们的官方肯定”。

两座科学家雕像的位置，竟然引起这么大的争论，这也算是个奇闻了。据说代表宗教界的坎特伯雷大主教面对科学界的反应，着实担忧紧张了好一阵。但最终馆方还是决定，把欧文的雕像推上主位，而达尔文与赫胥黎的雕像则连入口两边的次席也没有占住，竟同时被挪到了北厅不起眼的角落里，面向咖啡厅。这下大主教终于可以安心了。

我记得2005年拜访博物馆的时候，也是偶然发现了达尔文的雕像。当时我去博物馆的咖啡厅小憩，却发现达尔文和赫胥黎的雕像“偏安”在咖啡厅的一角。达尔文雕像的怀中还被人恶作剧地放了一份菜单。我隐隐觉得将两位伟人置于这样的场合似乎不妥，但达尔文翘着腿，一副出神思考的样子，似乎也符合这里的环境。我于是把他怀中的菜单取走并拍照留念，算是对这位科学伟人表达一点点敬意（图4）。

图4

咖啡厅中的达尔文（2005年摄）

时间一晃过去了81年，似乎没有人注意到这些雕像身后的故事。然而，在2008年5月23日，重达2.2t的达尔文大理石雕像被再次挪到了中央大厅的台阶上，用以庆祝2009年达尔文诞辰200 周年。这是2008～2009年国家纪念计划的一部分，达尔文的回归好像顺理成章。而欧文的雕像被挪到了二楼西侧跑马廊的北端，几乎不被人注意；赫胥黎被挪到了二楼东侧跑马廊的北端。

这个格局一直持续到现在。即使在2011年7月20日，博物馆专门庆祝欧文的207岁生日时，他的雕像也没有再挪动过。

这个小故事似乎着重渲染了欧文与达尔文两位先驱在科学理念上的水火不容。然而，阅读历史就会发现，其实达尔文和欧文还有不少的关联。达尔文在环球旅行期间，在南美洲发现了很多重要的哺乳动物化石。这些后来都运回英

图5

大地懒与人身高的比较

国，交给了欧文研究。欧文根据这些材料，命名了箭齿兽（Toxodon）（一种已灭绝的南方有蹄类，生态上与河马相似）、雕齿兽（Glyptodon）（一种已灭绝的犰狳状食草哺乳动物，身披超大号甲壳）、磨齿兽（Mylodon）和大地懒（Megatherium）等许多新物种。我在自然历史博物馆曾领略过大地懒的雄姿，这种已经灭绝的巨型动物，是现生树懒的亲戚，但身材庞大的它只能在地面活动，而不会如它现在的后裔那样生活在树上了。也许体形超大正是它灭绝的原因之一。值得一提的是，正是由于欧文的正确鉴定，才使得达尔文认识到，这些灭绝的南美巨兽与当地的现生种类有密切的亲缘关系，而与非洲的巨兽无关，从而在一定程度上导致了达尔文进化理论的形成（图5）。

虽然二人有学术合作，而且当达尔文婚后不久生病的时候，欧文也是少数

图6

端坐在中央大厅北侧的达尔文雕像（摄于2009年）

图7

达尔文的雕像俯视着参加新年晚宴的宾客们（摄于2009年）

几位探望他的学者之一，但据说欧文和达尔文的私人关系的确并不融洽。一个原因自然是欧文不赞成达尔文的进化理论。而此外，据说欧文的人品并不如他的学识那么令人尊敬。他把自己标榜为禽龙（最早被科学界认识的恐龙之一）的发现者，而完全忽视实际发现者曼特尔医生的贡献。他也在匿名文章中贬低达尔文的工作，而表面却装作支持他。达尔文在自传中这样评价欧文："一个怀恨、恶意和狡猾的人"（图6）。

尽管如此，也许是本身从事科学传播工作的原因，我对欧文还有另外的敬意，就是他对博物馆理念的改变：欧文提出应该"让自然历史博物馆成为每个人的博物馆"。这个观念彻底改变了人们对博物馆"高高在上"的认识。据说他曾邀请产业工人晚上下班后参观他的博物馆，这在现在大概也不是每个博物馆都能做到的事情。

无论怎样看，达尔文与欧文都是科学界的伟人。而他们两座雕像变迁的故事背后，也许反映了更多深层次的关于学术与道德的争论。

——2009年，自然历史博物馆新建的"达尔文中心"正式对公众开放（图7）。

王原博士现任中国古动物馆馆长，中国科学院古脊椎动物与古人类研究所研究员，古两栖类学者。

参考文献：
Thackray John, Press Bob. The Natural History Museum – Nature's Treasure House[M]. London: Natural History Museum, 2001.
网页链接：
http://www.nhm.ac.uk/visit-us/history-architecture/architecture-tour/north-hall/north-hall-statues/index.html.
http://www.nhm.ac.uk/about-us/news/2008/may/darwins-statue-on-the-move13846.html.
http://www.nhm.ac.uk/natureplus/blogs/whats-new/2011/07/19/happy-207th-birthday-sir-richard-owen-where-would-we-be-without-you.

4.2 战后发展

20世纪上半叶的欧洲始终没能摆脱战争的阴影。1914～1918年，第一次世界大战使欧洲大陆大部分国家化为一片焦土，而仅仅20年后，德国再次发动了战争。更为惨烈的第二次世界大战把刚刚在废墟上重建起家园的人们再次抛入血与火的地狱。

英国作为欧洲的一个重要帝国，卷入了两次大战并为之付出了巨大的代价。可是，在第一次世界大战中英军基本上是在欧洲大陆和小亚细亚作战，虽然损失惨重但战火一直没有波及其本土，因此国内基本安然无恙。而在第二次世界大战的初期，横扫欧洲大陆的德国法西斯在彻底击溃法国后陈兵英吉利海峡东岸，对英国本土虎视眈眈，并进而在1940年秋发动了对英国的空中打击。这是自1066年法国诺曼底公爵威廉——史称“征服者威廉”——率军入侵英国并加冕为英王威廉一世以来英国本土在近千年的时间里首次遭到外族直接攻击。很显然，英国人不愿意再被“征服”一次了。虽然仅是德国战机入侵其领空，却也足以激发千百万不列颠人民奋起保卫家园。而站在本土防御作战第一线的英国皇家空军则更没有轻易将自己的领空拱手让人。面对强悍的德国空军，他们以寡敌众，血洒长空，英勇顽强地捍卫了不列颠蓝天的纯净，竟使得德国人自始至终未能渡过英吉利海峡。

在交战期间，丧心病狂的希特勒命令他的轰炸机群发起了对包括伦敦在内的英国重要城市的狂轰滥炸。这不但使得诸如考文垂这样的工业城市几乎化为焦土，也使得像伦敦这样的文化中心遭到严重破坏，许多珍贵建筑物都遭受到了不同程度的损伤。在轰炸的初始阶段，意得志满的德国人尚还遵守着“只攻击军事目标而尽量不伤害历史文化设施”的战争潜规则，这使得密布伦敦的许多著名古建筑多少免于战火之灾。然而，伦敦防空指挥部不知何故，莫名其妙地决定在自然历史部博物馆东侧的空地上修建了一处拥有6英尺厚钢筋混凝土墙壁与屋顶的防空堡，颇为醒目。而极可能由于这一军事目标的存在，最终将阿尔伯特卫城彻底拖入了战火之中。根据当前的资料，修建这一防空堡的最初目的已经无迹可查，但是有一点可以断定，它是为了纯粹的军事目的而建，却不是为了保护周边博物馆里的奇珍异宝。

随后所发生的事就不难想象了。极有可能被这个军事目标所吸引，自1940年9月到1941年4月，南肯辛顿遭受了多次密集的空袭，其中仅自然历史部博物馆就被燃烧炸弹直接命中四次。虽然有先见之明的博物馆管理层早早就把大量易于燃烧的酒精浸制标本和珍稀的大型动植物标本及化石运送到特灵自然历史博物馆去躲避战火，但战争还是给博物馆带来了无法挽回的损失。1940年9月9日，三颗显然是瞄准防空堡而来的燃烧弹击中了位于自然历史部博物馆东翼顶层的植物展廊。燃起的大火给东翼带来了巨大的损失，大量的标本书籍毁于一旦。一个月后，另一颗燃烧弹命中了西侧的梳子齿状单层展廊，使得大量的贝类收藏付之一炬。自此之后，虽然炸弹不断地落在博物馆的周围，震碎了所有的玻璃窗，但万幸的是，再没有一颗炸弹能够准确找到“光临”博物馆的路（Snell and Parry：96）（图4-21、图4-22）

战争固然可怕，可是纳粹的炸弹却同时为博物馆带来了一件颇为值得一提的惊喜。当伦敦的战时消防队员将燃烧弹引起的熊熊大火奋力扑灭后，展廊中到处是堆积的瓦砾，焦黑的家具碎片，以及一摊摊的积水。可是谁也没有想到，用来扑灭大火的水浸透了一本保存着500年前合欢树种子的标本夹——可能是爆炸所产生的冲击波恰好微微震开了种子的外壳，使得水分渗入了种子内部，这粒休眠了500年的种子竟然在废墟中奇迹般地生根发芽了。其实在植物学发展进程中，这种古代的种子在历经成百上千年的休眠后依然可以发芽生长的现象并不新鲜。早在1918年，孙中山先生将4粒出土于辽东新金县普兰店的千年古莲花子儿带到了日本，并在日本古生物学家大贺一郎的精心培育下抽出了新芽。而后，在1953年

图4-21

博物馆主楼东翼在1940年9月9日被三颗燃烧炸弹命中，位于顶层的植物展廊毁于一旦

图4-22

1940年10月，位于西侧的梳子齿状单层展廊的贝类馆被燃烧炸弹击中

与1975年，同样是出土于普兰店地区，我国古生物学家使多枚1200多年前的古莲花子儿成功地生根发芽，并绽放出美艳的莲花。2005年，一颗已有2000年高龄的海枣树种子在以色列科学家的手中萌发出新嫩的枝芽并茁壮成长为小树。而在2010年，韩国的几枚700余年的莲花子也被植物学家成功的唤醒了……与这些动辄千余岁的种子相比，伦敦的合欢树仅仅算是年轻的后生。然而不同于那些有幸被精心培育在保育箱中的古种子，自然历史部博物馆的合欢树是真正经历了火与水的洗礼后苏醒的。这一生命奇迹使得原本沮丧万分的植物学家们多少得到了些许慰藉。对他们来说，这真是印证了我们中国的一句老话：“塞翁失马，焉知非福！”

战后，英国政府的首要任务是恢复生产，重建家园，有关文化设施的建设在很长一段时间里被搁置了起来。自然历史部博物馆在经过了一系列缓慢而复杂的维修后进入了一段相对稳定的时期。这种情况一直延续到了20世纪60年代。1963年，自然历史部博物馆与大英博物馆完成了隶属关系划分，虽然为了方便起见还暂时沿用了过去的名字，但此时的博物馆已经变成了一个独立的法人，拥有自己独立的董事会了。这是一个对于博物馆而言极为重要的变化，因为独立的管理权意味着博物馆可以随时根据自己的需要而决定加扩建计划，再也不需要看布鲁姆斯伯里的眼色了。

20世纪60年代被称为西方资本主义发展的黄金年代。当时的主要西方国家均进入了以科技发展为动力的快车道，不但国力显著增强，文化学术也在各个领域得到了迅猛发展。此外，20世纪60年代也正是建筑设计业开始井喷的时期。从那时起，如20世纪60、70年代的典雅主义与粗野主义，80年代的后现代主义，90年代的解构主义，以及21世纪的生态建筑等，各种不同的流派如走马灯般陆续粉墨亮相，令人眼花缭乱，目不暇接。同时，凭借材料科学与结构科学的发展，建筑师拥有了前所未有的创作自由；而电脑的广泛应用和相关设计软件的快速发展也使得建筑师能够方便地构思并表达出许多匪夷所思的形式。对于刚刚取得了更多自主权的博物馆而言，这些有利的外部条件不啻为展开第二个发展高峰的天赐良机。值得注意的是，此时由沃特豪斯设计的自然历史部博物馆主楼已经名列英国一类保护建筑。但是，它却并没有被自己那与众不同但已颇显过时的彩陶立面所桎梏。事实上40年来，博物馆增添了许多崭新的展馆，改造了很多陈旧的展廊，但每处增改都反映了当时最为新颖的建筑设计手法与理论，也每次都能吸引诸多媒体及评论家的注意。

这期间，重要的展馆建设有四处，重要的展廊改造也有四处。它们建于不同时期，外形结构也迥然不同。

4.2.1 东翼（The East Wing）

头一个被列入扩建计划名单的是位于博物馆东边的古生物学部大楼。这是一个本属于地质学部的新分支。按照当初欧文与沃特豪斯的计划，原本就应该占据那布满灭绝生物雕饰的主馆东半部分主立面空间。可是，由于自开馆以来古生物化石收藏急剧增多以及该学科科研规模日益扩大，不论是从布置展览的角度还是从开展研究的角度来讲，原有主馆内东侧空间都已经远远不能满足要求。因此，为古生物学部单独设计建造一栋科研大楼对于博物馆董事会而言已是必须解决的问题了。

20世纪60年代末，博物馆最终决定投资兴建新的古生物学部大楼。对于这个特定的项目而言，如能将其尽量布置在主馆东侧则是最理想的结果，因为这样不但可以使原有的科研人员、标本和设备就近从主馆东翼直接转移、搬到新楼，而且在文脉上也可以与欧文和沃特豪斯的雕塑隐喻直接联系起来。事实上，寻找这个“理想”的位置并没有费董事会太大的功夫。这是因为自然历史部博物馆在东北角与地质博物馆（Geological Museum）相邻，而它的西侧多少切入自然历史部博物馆东端塔楼后面，从而在展览路、自然历史部博物馆东塔楼与地质博物馆南立面之间形成了一大片空旷的内凹场地。虽然博物馆的园林管理部门把这里铺上了草坪，但是这个相对消极的内凹空间依然无法吸引游客的注意。另外，正是在这块场地上半埋着那个在二战时被周边博物馆成功“掩护”起来的坚实无比的防空堡。那沉闷的外观，丑陋的比例，以及其所包含的与战争相关的隐喻更为此处增添了一些不讨人喜欢的气息。基于这些现有问题，博物馆几乎立刻就决定新的古生物大楼将建在这块内凹场地上。这将是一个一石二鸟的计划，一来可以提升这里的外部空间质量，同时又可为博物馆提供新的空间，何乐而不为？

1970年，由公共建筑与工程部（Ministry of Public Building and Works）下属设计部门设计的东翼扩建计划——博物馆古生物学部——通过审核，1971年，工程正式开工。按照最初的计划，设计师希望彻底拆除那个庞大的防空堡。可是经过实地检测后人们发现，对这个拥有2米多厚钢筋混凝土侧墙与屋顶的堡垒必须采用非正常手段才能将其拆除。可能的方案只有两个：第一个是“快”办法——就是使用大剂量炸药将其一次性炸毁。但是周边的自然历史部博物馆、地质博物馆和维多利亚与阿尔伯特博物馆与其距离太近，在爆破时根本无法保证其不受炸药冲击力与建筑碎片的破坏，而且，在伦敦市中心搞这样大规模的爆破也着实过于危险。第二个是“慢”方法——就是用人工一点一点地把它慢慢凿掉。但是这将意味着巨大的工作量、昂贵的施工费用与不知将拖到何年何月的施工期，博物馆根本无法承担。面对这个棘手问题，最终还是建筑师把它巧妙地解决了——既然无法拆除，那就为我所用！于是，整个工程被分为两个阶段进行。第一阶段比较复杂，主要是将防空堡重新纳入到新建筑的体系中来。由于堡垒自身异常厚重结实而又基本上掩埋在地下，所以可以充分利用其稳定性，与其余部分基础连接起来，作为一个整体基础来承担整个建筑的负荷。而第二阶段则是地上部分的建设，相对前者而言简单直接得多。

整个工程完成得颇为顺利，1975年10月，新的东翼竣工了。不出所料，在这里你无法再找到沃特豪斯的任何痕迹，取而代之的则是当时最为流行的钢筋混凝土预制件与大片的玻璃幕墙。这一切，与雕梁画栋的主馆外观大相径庭。

整个建筑平面呈L形，高七层，恰好弥补了自然历史部博物馆与地质博物馆之间的内凹场地。最底层是半地下室，大部分空间由原有的防空堡提供，内部空间很高，突出地面。其2米多厚的钢筋混凝土结构无比稳定，因而不仅整体上是一个极其坚实的基础，而且其内部空间非常适合用来放置巨大的电子显微镜与其他需要极强稳定性的精密仪器。大楼主结构为框架体系。这种在当时颇为时髦的做法一方面有利于各种空间的自由划分，使得大空间综合实验室成为可能，而另一方面也在外观上形成了独特的建筑语言。地上的各层空间略大于半地下部分，从而在周边形成了一圈架空空间，由立面上的白色混凝土框架支持，形成了类似底层架空的效果。在半地下室以上，这些巨大的预制框架把立面分割为六个比例和谐的“大窗”，而每个“大窗”内镶嵌着由铜棂条支撑的深褐色玻璃幕墙，与白色的柱梁形成了鲜明的对比。这一处理在视觉上改变了建筑的真实尺度感，使得原本七层的建筑显得小巧玲珑，从而有效削弱了对西侧主馆的压迫感。此外，框架的内角处均被做成了圆角，这一细节处理则进一步将原本感觉沉重的钢筋混凝土大楼修饰得格外典雅别致。在新馆东南角设有一个八角形塔楼。塔楼顶端为一间用来养殖苔藓和蕨类植物的玻璃温室。玻璃温室自身为钢结构，但其屋顶则由拉索体系支撑。位于八个角上的白色混凝土框架柱向上延伸，自然而然地成为了锚定拉索的稳固结构体（CQ，1976）。这一功能性的设计在外观上竟出乎意料地成了点睛之笔。人们纷纷说，现在自然历史部博物馆戴上了一顶银色的王冠（图4-23、图4-24）。

尽管公众在竣工后方对此建筑表现出了很大的兴趣，但事实上这一带有浓重典

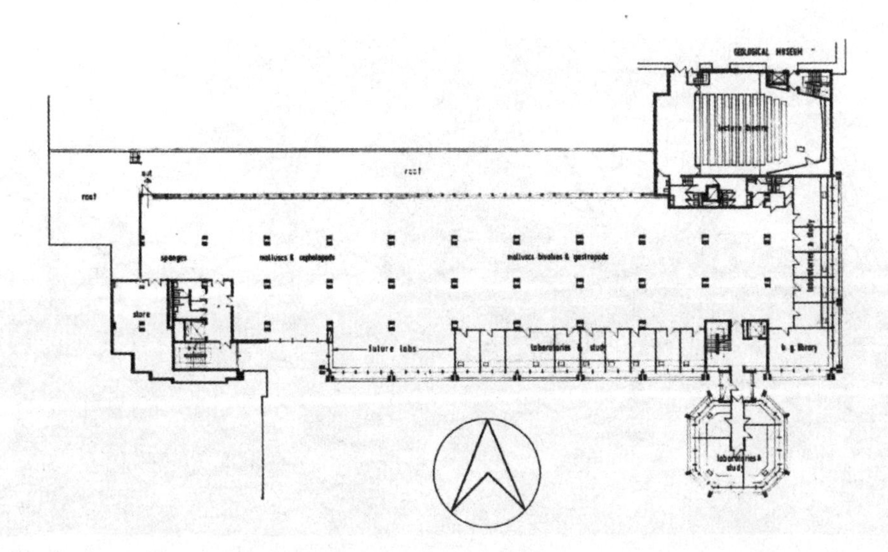

图4-23

东翼标准层平面图

图4-24

东翼建筑外观，其浓郁的现代主义风格非常明显

雅主义的现代建筑早在1970年刚刚通过方案评审时便吸引了来自英国最为敏锐的建筑杂志之一——《建筑师期刊》（The Architects’ Journal）的注意。然而，这份一向以语言苛刻著称的杂志却出人意料地对自然历史部博物馆的这一颇具颠覆性的扩建表现出了极大的理解与宽容。不言而喻，那些目光犀利的评论家们也相信全新的东翼将会为古老的博物馆带来蓬勃朝气。正如他们议论的那样：“它避免了与沃特豪斯的南立面争锋，它保留了东南侧的大部分珍贵的开阔地，它将地质博物馆那令人丧气的南立面严严实实地遮挡了起来。”（AJ：279）（图4-25）。

就在崭新的东翼竣工的同一年，自然历史部博物馆迎来了它自开馆以来的首次大扫除。作为当年历史建筑保护行动的一部分，沃特豪斯在百年前设计的彩陶立面终于得到了一次彻底而科学的清洗。要知道，这一百年间可是雾都污染最为严重的时期，不但大量的烟尘经年累月地积累在伦敦的各个角落，危险的酸雨

图4-25

博物馆主馆与东翼全景，两种截然不同的建筑风格毫无过渡的碰撞在一起

图4-26

一张拍摄于1970年代的博物馆照片，具体年份不明。立面上双塔被施工脚手架所笼罩，可能拍摄于1975年博物馆主馆外立面清洗期间

图4-27

清洗前后主入口的观瞻效果对比

也在无声无息地侵蚀着建筑物的肌肤。这使得许多采用石材或砖的历史建筑的清洗工作变得十分困难。然而，与其他砖石建筑不同，自然历史部博物馆的彩陶立面是一种极易清理又不怕腐蚀的材料，因此清理这座博物馆多少有点像洗刷陶瓷盘子，不用费太大的功夫，顺顺利利地擦过去就可以完成了。蒙尘百年，人们或许已经忘记了那个漂亮的，配有浅蓝色色带的米黄色立面。如今，当施工围幛撤掉的时候，伦敦人又一次为这栋在阳光下闪烁着耀眼光芒的迷人建筑倾倒了（Girouard：57）（图4-26、图4-27）

4.2.2 填充项目（The Infill Block）

凭借着刚刚结束的东翼扩建与清洗项目，博物馆着实在1975年出了一把风头。董事会非常得意，认为既然战后的首次大规模改造就取得了如此积极的社会效应，就应该把这股势头尽量保持下去。事实上此时在他们心中，一项规模更大、难度更高的改造计划已经在慢慢地孕育成形起来。

1976年，自然历史部博物馆联合教育与科学部下属的不动产服务处（Department of Education and Science, Property Service Agency）向伦敦市政厅的

历史建筑委员会（Great London Council, Historic Building Board）提交了一份展馆改造计划，希望能够将7000m^{2}老旧的，位于主馆东立面后的单层梳子齿状展廊全部拆除，并用一座18000m^{2}的巨大的六层建筑来代替。由于所计划建设的建筑体块正好位于博物馆建筑群的中间，从而被正立面、新建的东翼和地质博物馆完全遮挡，无法从外面直接看到，它因此被称为“填充项目”。毋庸置疑，这一大胆的计划可以大大缓解博物馆目前展示空间紧缺的压力，并同时提升整个博物馆的空间质量，因此，博物馆的董事们对此信心满满。他们认为携前两次成功的余威，这一计划必定是马到功成，也一定会像之前那样吸引众多媒体关注的目光，从而进一步提升自然历史部博物馆的声名。然而，他们忽略了重要的一点——东翼项目只是加建而不是改建，对主馆的触动非常小，可是这次的计划涉及了一大片沃特豪斯原有建筑体块的存亡问题，而仅仅这一点就会使得一切都变得比东翼项目要复杂得多，曲折得多（图4-28）。

起初的进展看上去还算不错。10月，市政厅历史建筑委员会在现场勘察了博物馆的现状后原则上同意了改造计划，并责成博物馆方面立刻组织方案设计，尽量在1979年开工。正如董事会设想的那样，这一举动不久就吸引了英国建筑媒体的注意。1978年4月19日，《建筑师期刊》发布了有关该项工程的首条简讯。然而不同于以往的是，这次的报道不但包括项目得到首肯的内容，还如实反映了来自于一家著名的建筑保护组织——维多利亚协会（Victorian Society）的反对声音：“这是一种慢慢拆毁一座伟大的博物馆内部的病症”。对于董事会而言，这可不是一个理想的开端（Darley：737）。

伦敦的媒体显然已经敏锐地感觉到这一改建项目所蕴藏的巨大新闻潜能。他们密切地关注着事态的发展，甚至做好了跟踪报道的准备。一个月后，5月24日的《建筑师期刊》刊登了一幅教育部不动产服务处自己设计的方案轴测图并说明该计划将要耗资370万英镑。到此时一切还算顺利，即使有维多利亚协会的反对，但方案还是如期完成了，毕竟历史建筑委员会的专家们认为“这些要被拆掉的展廊并不是沃特豪斯建筑的主要展示部分”（Aldous：992）（图4-29）。

时间如梭，一年转瞬而逝。按照原计划，1979年应该是开工的时候了，但是项目的发展却遇到了麻烦。由于媒体的报道，传统而守旧的英国人越来越多地开始关注这一将会发生在自然历史部博物馆内院里的改造，同时越来越多的抗议信纷沓而至。在这种情况下，贸然开工自然不合民意，因此方案必须再提交审核一次，再过一次堂。6月5日，市政厅为此专门召开了公众咨询，而更令博物馆董事会头疼的是，在这一年里，维多利亚协会竟针锋相对地委托建筑师约翰·斑克里夫特（John Bancroft）为自然历史部博物馆另行设计了一个方案并自主参加公众咨询。与原方案不同的是，斑克里夫特并没有拆除任何原有建筑，而是将眼下闲置的巨大地下室加以改造扩建。如此下

图4-28

今天的鸟类馆位于主馆最东边的一道单层梳子齿状展廊之中，至今依然保留着19世纪的展览风貌。当年的填充项目就是计划要拆掉包括其在内的所有东侧单层梳子齿状展廊，并用一座新的综合展馆来取而代之

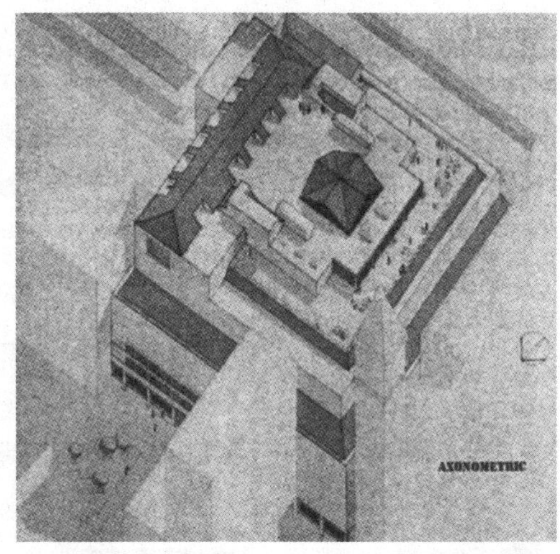

图4-29

教育部不动产服务处于1978年5月24日发表在《建筑师期刊》上的填充方案轴测图

来，新方案与原方案最终获得的新增面积居然相差无几，但是费用却要低得多。这一新情况对董事会的如意算盘无疑是个沉重的打击。虽然历史建筑委员会还是倾向于加建新的展廊，并同时否定了维多利亚协会的改造方案，但是如何平息已在民众中蔓延开的纷纷议论与反对，是首先需要克服的问题。在这种情况下，原方案必须另找建筑师重新设计（Aslet：1934）（图4-30）。

1980年8月，为了听取人们对新方案的要求，第二次公众咨询被召开，但是却没有取得什么实质性的进展。1981年5月27日，在一年的沉默之后，《建

图4-30

维多利亚协会于1979年委托建筑师约翰·斑克里夫特所作方案的剖面图。图中可见博物馆的地下室部分被改造成了展厅

筑师期刊》的记者们终于探听到了一些有关新方案的蛛丝马迹：新的建筑师是罗伯特·马修。约翰逊-马歇尔建筑事务所（Robert Matthew Johnson-Marshall & Partners），方案还是将东边的单层展廊全部拆除并用一座拥有高大中庭的五层建筑来替代，可是预算却达到了1600多万英镑。可能是因为有了前车之鉴，博物馆方面这一次似乎并不急于公开方案的细节，但这一看似在隐藏什么秘密的举动立刻再次激起了多方的不满。维多利亚协会对此还是不肯放弃。他们这次反对说："人们对于展览设计与内容的品位总会改变，但是建筑所自带的历史脉络是不可替换的。"而记者则将矛头指向了建造费用。文章说："如此之多的政府资金竟被用在这一座国家博物馆上，而在此同时许多小型的地方博物馆还在为资金短缺一筹莫展"……"自然历史部博物馆的所有日常花销都是政府埋单，而地方博物馆却不得不用那少得可怜的经费自己照顾自己"（AJ：986）。

10月28日，《建筑师期刊》终于拿到了新方案的详细信息。与此同时，另外两个著名的建筑杂志——《建筑》（Building）与《建筑设计》（Building Design）也都在10月底报道了这一新闻。平心而论，这是一个非常吸引人的设计，建筑师使用了崭新的建筑语言来阐述新与旧的对话。从草图中可见，自8个拱门上拆下来的彩陶砖将被继续用在新的建筑上装点门厅走廊，自由灵活的空间可以提供多种展览服务。清澈的阳光可以透过中庭天窗直达底层，而与南面主楼的直接交接则使得人们第一次有机会去欣赏沃特豪斯主立面的另外一侧。《建筑师期刊》这次没有吝啬自己的赞赏："这一修改过的方案比早先的方案要明显地矮一些并明亮一些，假如我们必须拆除这一大片沃特豪斯的展廊的话，那么必须承认这是解决这一难题的最佳答案"（AJ：862）。而《建筑设计》则还是对拆除的展廊颇为惋惜，它甚至引用了沃特豪斯的孙子——建筑师大卫·沃特豪斯（David Waterhouse）的申诉："不管它（新方案）有多好，它终归是给这样一个大师作品造成了不平衡，就像一个一条腿的人一般"（BD：3）。尽管对于建筑本身的褒贬不一，但是三家杂志都不约而同地注意到了资金问题。事实上，随着时间的拖延，造价越来越高。对于这样一栋19000m^{2}的复杂建筑而言，现在的预算已经达到了1810万英镑。工程计划在1984年春动工，至1988年竣工。时间迫在眉睫，但资金确实难以解决（图4-31）。

1982年年初，自然历史部博物馆得到了一个坏消息。尽管方案本身十分诱人，但昂贵的造价使得伦敦市政厅和皇家肯辛顿与切尔西区政府都加入到反对这一计划的阵营中。此时，维多利亚协会再次提交了斑克里夫特的方案。这个新修改的方案依然着重于改造地下室，需要花费大概1000万英镑并用大约3年时间来完成，这的确是比博物馆的方案要节省许多（Building：13）。在此同时，该协会也对博物馆的拆旧建新计划展开了更猛烈的口诛笔伐。3月19日出版的《建筑设计》对此进行了详细报道："维多利亚协会最近开始了他们的沃特豪斯展廊救

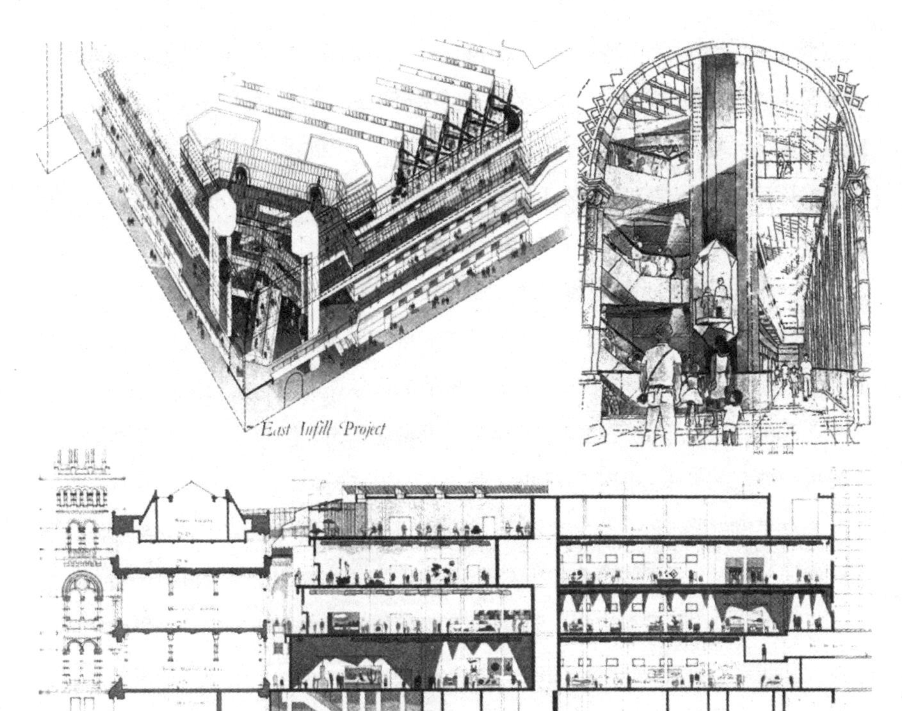

图4-31

罗伯特·马修。约翰逊-马歇尔建筑事务所于1981年设计的填充计划方案——轴测图，局部室内透视图与剖面图

亡运动，并声称：‘除非立刻行动起来，否则一场对建筑的，不可挽回的，不可思议的愚蠢破坏行为就要开始露出那罪恶的狰狞了’”（Abrams：3）。然而，即使如此市政厅仍然对维多利亚协会的方案不感兴趣。政治家们现在把这一计划简单地搁置了起来。毕竟七年了，人们最初的激情似乎已经被时间慢慢消融。9月底，《建筑师期刊》再次报道了这一计划的情况，但内容不温不火：市政厅继续保持着沉默，而教育部不动产服务处此刻则含糊其辞地说方案仍然在考虑之中（AJ:30）。11月3日，《建筑师期刊》为这一由它亲自发起的媒体跟踪战画上了句号，最后一次刊登了关于“填充项目”的报道。消息非常短且不起眼。在文中，人们获知这一计划将不会得到任何政府资助，而这一决定是“单纯出自对于财政方面的考量且不涉及任何对方案本身的不满，因为按现在的情况项目预算已经达到了2300万～2900万英镑了”（AJ：38）。至此，七年来的“填充项目”竹篮打水一场空。大英博物馆（自然历史部）头一次在建设方面遭到了失败。但这毕竟使得董事们学到了一点经验，那就是在英国这个珍惜传统建筑如同珍惜自己生命的国家里，有些东西是不能碰的。

4.2.3　奇妙的人体之旅（The Human Biology Gallery）

“填充项目”的失败使得博物馆的董事们在很长一段时间里失去了对大规模加建项目的信心。在20世纪80年代及90年代上半叶，将近15年的时间里博物馆再也没有任何大动干戈的新建计划。可是这并不意味着博物馆的决策者们彻底放弃了与时代同步发展的意愿。在当时，与“填充项目”计划基本同步进行的还有一处展廊改造计划。但与前者不同，这处展廊设计不但顺利完成而且大获成功。事实上，这个规模不大的项目标志着博物馆的自我进化进入了一个崭新的阶段——即针对沃特豪斯主馆旧展廊的一系列更新设计。

这一里程碑式的小项目是“人体生理展”（Human Biology）。1977年5月，正当东侧的“填充项目”尚还如火如荼的时候，人类学部的工作人员在西侧的梳子齿状展廊里整理开辟出了这一史无前例的新奇展览。说它史无前例，那是因为这是英国的第一处观众互动参与式展厅；而说它新奇，则是因为人们在这里可以“进入”自己的身体去探索自己的秘密。

与动植物展览不同，作为自然科学不可分割的一部分，人体生理学与解剖学展览在很长一段时间里面临着真实标本展示与参观者心理接受能力之间的矛盾。作为人类学发展的一次飞跃性进步，尽管使用真正尸体的人体解剖学早在14世纪就在位于意大利博洛尼亚（Bologna）和法国蒙彼利埃（Montpellier）的一些非常前卫的研究所里面得到了初步尝试，并在16与17世纪已逐步被欧洲绝大多数大学列为医学系的必修课程，但是对于大多数未受过专业培训的普通公众而言，看到自己同类的器官与部分身体被浸泡在瓶子里面展出依然是一种令人不愉快的经历。许多人可以愉快地欣赏恐龙的骨架，毫无压力地观看被切为两半的鸟蛋，并冲着浸泡在酒精中已经变色了的空棘鱼指指点点，但是绝少有人可以心平气和地直面人类的骨架，被切开的子宫以及泡在酒精中的畸形胎儿。很显然，普遍的社会伦理道德使人们对此类展览拥有一种自然而然的抵触情绪，却不管这些展品在科学定义上是否合理。作为一座国家级综合博物馆，自然历史部博物馆自然会在此方面十分谨慎，而这同时也逼着人体生理展的设计团队不得不另辟蹊径，开拓创新。

既然使用传统的真实标本不太受人欢迎，人体生理展的组织人员与教育部直属建筑师D・E・切奇（D. E. Church）便决定在这处展馆内彻底打破传统的展柜式展览模式并转而尝试新的途径。1966年，一部名叫《神奇之旅》（Fantastic Voyage）的科幻电影在社会上引起了轰动。这是一个关于探索人体奥秘的历险故事。在影片中，一群科学家通过将自己缩小而驾驶潜航船进入一名患脑血栓的著名学者体内。他们历经种种艰险，通过各种不同人体器官组织而最终到达其脑部，并用激光枪打通血栓，从而拯救了患者生命。如今，我们已经无法确定展廊的设计者是否从这部电影中获得了灵感，但是可以确定的是，切奇的确相信了解人类自身最好的方法就是直接“进入”体内去看、去听、去体会各种不同的器官功能。因此，沃特豪斯的传统展廊被打造成放大了的神奇人体世界，而进入展廊的观众则被“缩小”成了游走于各个器官之间的细胞。

新展览的结构非常时髦。切奇用既轻巧又坚固的铝合金空间网架在沃特豪斯的老展廊里面直接支撑起了一系列大小不一的棚子。而在棚子下面，由色彩鲜艳的塑料与玻璃钢创造出来的数十个形状奇特的小空间被用来模拟各种不同器官的内部场景。在每个器官内，精心调试的现代声光设备创造出不同的视觉效果，而装配有大屏幕、幻灯机、摇柄与按钮等不同互动体验装置的展台则将被动的“观看展览”转变成主动的“参与展览”。这其中，用闪烁的离奇银光模拟脑电波传递的脑神经顶棚，用万向投影仪将四壁都渲染成悬浮着大量红血球与白血球的血管内景的循环系统亭和在中间藏有一个放大的胎儿模型的子宫等几个构思巧妙的展台最受人们欢迎。大家不在乎在它们外面排队等候，因为人人都希望能去亲身体会一下那种无法言表的特效（图4-32～图4-34）。

“人体生理展”成功了，这一仅仅花费了60万英镑的展览成了继恐龙展厅与鲸类馆之后的又一处参观热点。人们从各地蜂拥而至，都想来亲身感受一下由现代科技与当代建筑设计共同打造出的奇迹。《建筑师期刊》在当年6月1日及时报道了这一创新。而博物馆学家托尼·达根（Tony Duggan）则毫不吝啬自己对这个展廊的赞美：“从专业角度来看，所有博物馆馆长们都必须参观这一展馆。10年

图4-32

人体生理展厅采用了大量先进的互动式展台，并以铝合金空间网架支撑起整体结构

图4-33

造型新颖，色彩鲜艳的互动展台

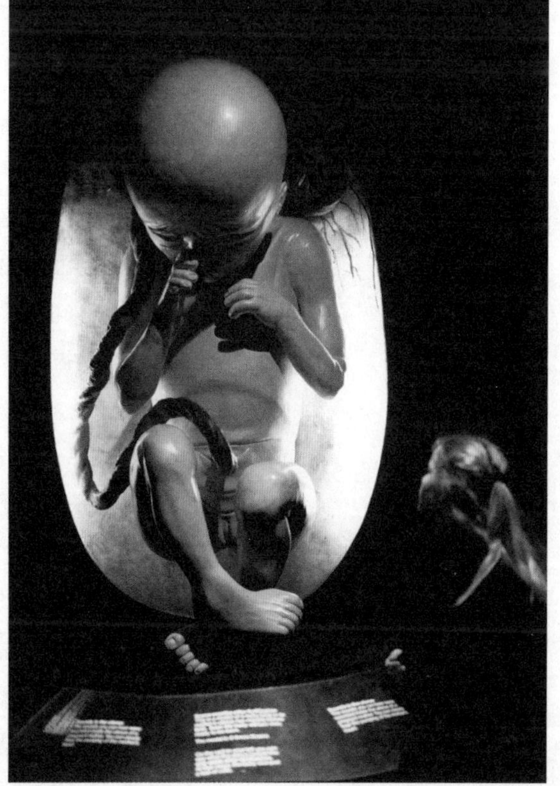

图4-34

奇特的子宫模型

图4-35

设计巧妙的互动展台寓教于乐，使人们乐在其中，馆内工作人员的精心维护更使得展台设备能够几十年如一日，永葆常新

来，博物馆的教育功能已经成为了争论的焦点。而这里，一处用与传统布展手法完全不同的哲学装备起来的充满了不同凡响的展台的展廊，着实向我们展示了教育学家们长期以来尝试建议我们去做的事情”（1978：6）。在随后的四年里，博物馆作了一项全面的观众调查，数据显示，从1977年到1980年，“人体生理展”一直以约30%的投票高居最有趣的展览榜首。直到1981年新的恐龙骨架展推出后，这一纪录才被超越（Alt，1980；Griggs，1982）。

毫无疑问，天才的设计是这个展廊如此受欢迎的充分条件。可是，互动式的展台属于易耗品——缺乏维护的展台很快就会变得松动破烂，而老旧的设备一定会使人感到厌倦无趣，从而展览也会在最初的新鲜劲儿过去后立刻过时。所以，建成后的精心维护则是保持该展廊始终受欢迎的必要条件了。“人体生理展”至今已经有34年的历史了，但在工作人员的悉心照料下，所有的互动式展台都依然保持着极佳的状态与极高的完好率。尽管已有成千上万人使用过这些设备，可是那些永远灵敏的按键与永远锃亮的摇杆使得每个参观者都觉得自己像是第一个使用者一样。今天步入展廊，来自世界各地的人们依然在里面摩肩接踵。这中间有许多给自己的孩子们细心讲解的年轻父母。他们多数曾在自己的孩提时代就已经参观过这里。而今，自己的下一代又瞪大了好奇的眼睛，就与他们当年一模一样（图4-35）。不可否认，一个如此大型的博物馆能够在细节上几十年如一日，这中间折射出的是很强的社会责任心和对待科学的严谨态度，非常了不起。

“人体生理展”展厅的巨大成功使得博物馆认识到即使没有大型新馆建设，只对现有展馆进行适当的改造也可以带来巨大的效益。到20世纪80年代初，博物馆已经开馆整整100年了，而许多沃特豪斯设计的展廊几乎自开馆以来就没有怎么变动过，展柜霉蛀，橱窗锈蚀，早就无法吸引观众的兴趣。因此，在展廊改造方面，博物馆是颇有文章可做的。20世纪80年代后半期博物馆发生了两件对其发展十分有利的事情。首先是在1985年，东北边的近邻——地质博物馆正式并入了大英博物馆（自然历史部）（Thackray：82）。而后在1989年，博物馆又正式更名为自然历史博物馆，与大英博物馆彻底脱开了最后一点关系（Murdin，1989）。受此鼓舞，董事会在随后不久便决定对其一系列最重要的展馆进行彻底改造，使之都能够像“人体生理展”那样在百年之后重焕青春。这其中包括位于沃特豪斯主立面一层的东西大展廊，以及地质博物馆的中庭。

4.2.4 水火传奇（The Ecology Gallery）

1973年10月，动荡不安的中东地区爆发了第四次中东战争。这场冲突的最初交战双方是埃及、叙利亚联军和以色列，旨在争夺西奈半岛与戈兰高地的控制权，但是随着战事的胶着很快发展为整个阿拉伯国家联盟与以色列之间的战争，甚至在最后，随着美国与苏联的介入几乎演变成了东西方阵营之间的世界性对抗。在10月17日，为了报复西方国家对以色列的军事支持，以沙特阿拉伯为首的石油输出国组织——欧佩克（OPEC）单方面决定石油减产并彻底对欧美实施禁运。这一举动立即导致了国际原油价格由每桶不到3美元暴涨到了每桶13美元，从而在严重依靠石油资源的西方发达国家中造成了剧烈的经济动荡。对于这次事件，史学家们称之为第一次石油危机。终于在10月26日，交火双方在国际社会的斡旋与联合国的决议下以和谈的形式达成了停火。埃及随后得到了西奈半岛的控制权，以色列则得到了对方的承认，而且阿拉伯国家也开始陆续展开了与以色列的对话。这看上去似乎是一个蛮不错的结果，然而，不像政治协议那样会立竿见影，石油危机对各国经济的影响却拥有一个漫长的延长作用期，从而使包括英国在内的西方国家又不得不多忍受了将近三年的经济大倒退。

能源的短缺不但在国家层面上给英国的生产发展造成了巨大的损失，而且对已经基本普及小汽车的千百万英国家庭而言也是一个不小的冲击。不得不开车上班的人们开始为支付高昂的油价而节衣缩食，可因为没有能源而停工的工厂企业恰恰又在这个节骨眼上开始大规模地裁员减薪。在这种萧条的经济大环境中，人们开始意识到仅依靠诸如煤、石油与天然气等天然化石能源是无法保证经济的可持续发展的。因此，越来越多的注意力被投放在寻找更清洁、更可靠的新能源上来。在大学与研究所里，风能、太阳能、潮汐能与地热等可持续能源方面的研究吸引了越来越多的科学家与资金。而作为一个以整个自然界为研究和展览对象的国家级科研教育机构，自然历史博物馆在投身能源研究的同时也开始考虑建立一个独立的生态展厅了。

1978年10月24日，博物馆借着“人体生理展”的火爆应时开放了一处名叫“说说生态学”（Introducing Ecology）的临时展览。虽然当时的展览设计也采用了类似“人体生理展”的互动展台，但是可能由于人们已经对这种展览模式有所了解且布展有些草率，其效果远没有前者那么振奋人心，只能称得上是马马虎虎，平平淡淡。对于这样一个不好不坏的结果，博物馆本没有太当回事。但是，在随后的整个20世纪80年代里，生态理念与环境保护却越来越被人们所关注，并没有因为经济形势好转而降温。这种趋势直接推动了博物馆在十余年后作出重新设计一处新的生态展廊的决定。这次，董事会选择了曾经成功设计了法国拉维莱特科学博物馆展廊的建筑师——伊恩·里奇建筑师事务所（Ian Ritchie Architects）。

伊恩·里奇是一位十分擅长高科技设计的展览建筑师。他与他的团队从一开始就决心将“生态馆”打造为自然历史博物馆里最为炫目的展厅。在设计中，他率先使用了CAD技术。在20世纪90年代初这还是极为时髦的方法。在当初，这种现在已经为设计师所熟知的软件使得真正意义上的多种方案比较首次成为了可能。为了体现生态系统内千姿百态的自然形态，建筑师构想了很多种在不同维度上弯曲变化的体块，而这些复杂的形态仅仅依靠传统的平立剖制图是无法全面展示出来的。博物馆在设计过程中一共收到了来自里奇的30个不同方案，几乎使董事会挑花了眼（AT，1991）。

1990年4月，新“生态馆”在主立面一楼东侧大厅内开展了。功夫不负有心人，最终建成的展廊的确令人耳目一新。如果说“人体生理展”成功融合了20世纪70年代的电子技术与材料科技的话，那“生态馆”就是20世纪90年代最新建筑与展览科技的一次集中体现。步入展厅，在沃特豪斯那高达6米的老展廊中，沿两排中柱布置的一对高大的乳白色半透明磨砂玻璃墙将原本宽阔的空间戏剧化地压缩为一处狭窄的玻璃甬道。值得注意的是，这两面由皮尔金顿（Pilkington）玻璃公司的低铁玻璃板所构成的玻璃墙竟是世界上第一处被用在大型公共建筑中的结构性粘合玻璃幕墙。左侧的玻璃墙是平面的，闪烁跳涌的红色背光象征着火；右侧的玻璃墙是弯曲的，淡雅清新的绿色背光象征着水（Gardner，1991：30）。里奇就是用这种非常简单而强烈的建筑隐喻将观众直接引入到由水与火这两种元素所控制的生态世界。沿着乳白色的玻璃墙面，有几处透明的窗口。探身看进去，每个窗口都是一个仿真全景展窗，展现了一种极为典型的生态现象。玻璃甬道的上方，四处纺锤形天桥均由废弃的塑料、金属与橡胶等材料经过回收再利用而建成，在不同的角度上斜跨两边，暗示着许多有趣的展览正在上面等着游人。甬道一直延伸到沃特豪斯展廊尽端的东塔楼内。在那里，穿过一处布满彩陶装饰的拱门，首先映入人们眼帘的是一面由20台显示器组成的电视墙。电视墙四周被镜子所包围，由于一边镜子中的倒影可以在对面镜子中无限延伸，因此在视觉效果上人们所看到的是一个不停展示着五彩斑斓生态圈的巨型电视球。绕过电视球，人们沿一圈坡道绕过位于东塔楼中心的一组互动式展廊而上升到约3米的高度。在这里，一处略呈S形，再次斜穿过拱门的小桥将人们向回领入位于夹层高度上的生态展区。夹层展区内的流线呈“之”字形布置，其余三个天桥将两边的展区依次串联起来。从这里，人们既可俯瞰中间的走道又可同时欣赏半遮掩在玻璃墙之后的不同展台。于是，在参观过程中人们不停地来回往返于两边的水火之墙，依次欣赏诸如“自然降解”、“新陈代谢”、“光合作用”与“能量守恒”等一系列设计精巧，构思独特的展台，并最终到达位于西端的出口楼梯（图4-36～图4-39）

如此新颖的设计自然引得游人如梭，但公众的喜好从来不能麻痹批评家的舌头。针对展览本身，博物馆学家阿莱克·科尔斯（Alec Coles）称里奇的声光设计是哗众取宠。在他发表于1991年8月《博物馆期刊》（Museums Journal）上的评论中，科尔斯一连列举了四个疑问：“为什么我们必须用这么多的声光效果？为什么在展览中只有那寥寥几个真实的标本？为什么一个以绿色生态为主题的展

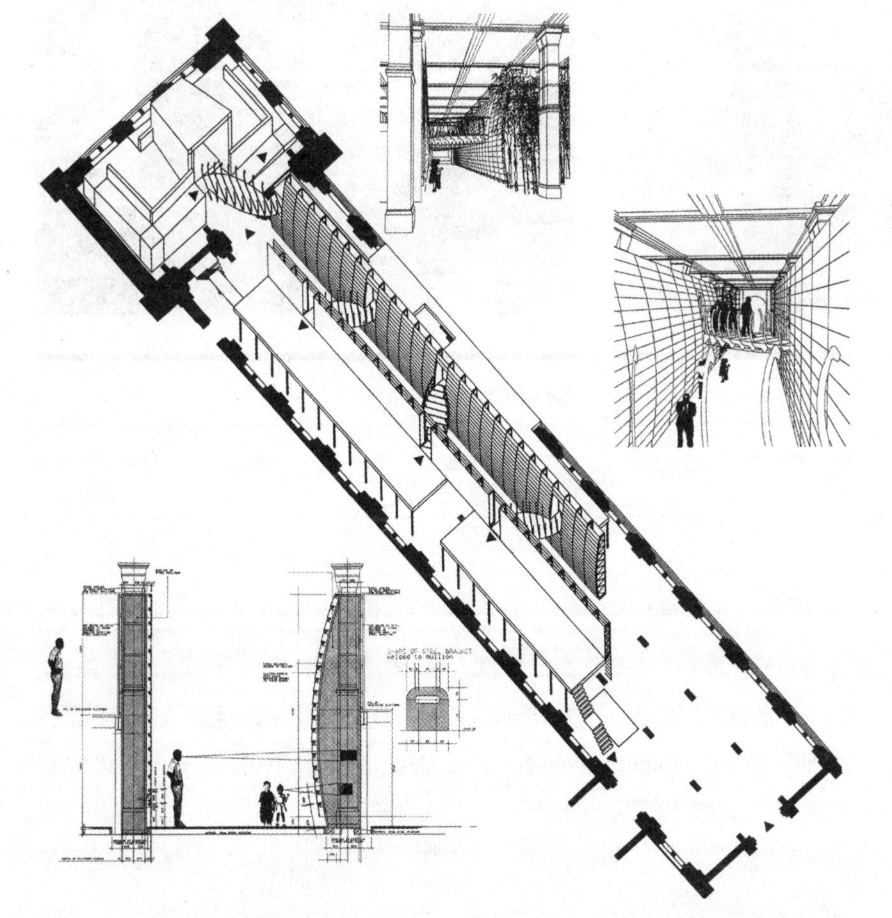

图4-36

伊恩·里奇的生态馆设计方案图——轴测图，剖面图与局部透视图

图4-37

“水墙”与“火墙”，二者之间是纺锤形天桥

图4-38

奇妙的电视球

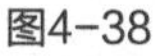

图4-39

斜穿过拱门的S形小桥将人们引入“水墙”内侧的展区，拱门后可见部分电视球

图4-40

如今，展馆的西端的出口楼梯正对着曾经是生态馆一部分的博物馆礼品商店

览要消耗这么多的能量？而最为重要的是，为什么要用那两面玻璃墙，这是要暗示温室效应还是为了给皮尔金顿公司做广告？”（1991：20）但是，如果说这些疑问尚还仅仅停留在展览的质量方面而并没有触及展馆的存亡与否，那来自于英国遗产保护协会（English Heritage）的压力足以令博物馆如鲠在喉。这一次，与以往博物馆改建时的境遇一样，矛盾还是集中在了新加结构与沃特豪斯的原始展廊之间的协调问题上。在遗产保护协会看来，这一新加的结构“看上去完全是基

于建筑师的概念而不是功能要求而建的”，它“在一处19世纪建筑环境中完全不合时宜”。然而，里奇与他的团队反驳说“新的结构是基于‘无接触’的原则建立起来的，因此新建部分与原有结构之间是纯粹的视觉对话而不是物理接触”。除此之外，这是一处很高的空间，柱子顶部有许多漂亮的彩陶装饰但从来没有人会注意到它们。如今“通过把人们引到高处的展廊，我们可以通过一种不同的手段来展示它们，并使人们看到他们从来没有看到过的东西”。然而面对这样的解释，英国遗产保护协会的老学究们并不看在眼里。他们不但警告博物馆去准备一份全面的未来发展规划从而避免类似的‘事故’再次发生，而且威胁说“这个现在待在那里的结构体将极有可能不得不被拆掉，而建筑师必须重新设计”（Melhuish，1990：4）。

为了平息来自外部的反对声音，博物馆最终作出妥协并承诺在保留生态馆10年后就将其彻底拆掉。然而，熙熙攘攘的游人最终给了博物馆信心去打破自己当年那违心的“诺言”。在2005年，15岁的生态馆依然完好如初，但是此时已经没有人再威胁要拆掉它了。虽然在2006年，博物馆为了经济效益而决定拆掉西侧的一小部分生态馆展廊而给新的礼品商店腾出空间，但是绝大部分展览还是得以保存。如今，21年过去了，屹立在东侧展廊内的生态馆仍然每天向成百上千的参观者讲述着它的水火传奇，而博物馆的这份执著则换回了一个已在英国社会中实实在在建立起来的全民生态观（图4-40）。

4.2.5 悬浮的恐龙（The Dinosaurs Gallery）

世界各地的所有大型自然历史博物馆都在想方设法拥有更多更新的恐龙展览。这其中的理由看上去似乎不需要解释：自从这种生存于中生代（2亿3000万年前的三叠纪到7000万年前的白垩纪）的大型爬行动物于1852年首次在水晶宫公园被欧文和霍金斯以雕塑的形式介绍给公众以来，全世界的人们都如同中了魔法一般地迷上了它。不管在哪里，恐龙展览永远都是最火爆、最吸引人的主题，而如此巨大的潜在市场自然使得各地的博物馆管理者们都无法拒绝对恐龙展厅的格外投入。当人们踏入恐龙展厅，一般都会被那些庞大的骨架所震撼。孩子们会瞪大了眼睛发出阵阵惊叹，即使是成年人也会为这眼前神秘的史前怪兽深深折服。“哇！它们真大！”“天呀！看那可怕的牙齿！”“上帝呀！这太不可思议了！”…… 相信每一个亲身到过恐龙展厅的人都不会对周围所充斥的这种感性评论陌生。但是，科学只相信理性的分析而不是感性的冲动。恐龙展馆那非凡魅力的背后也一定有其特定的道理。而对这些道理的探索，则是建立内涵深厚的恐龙展而不是哗众取宠的恐龙秀的基础，很值得关注。

纵观地球40亿年的生命发展史，与其他曾经在不同地质年代里统治地球的各类主要生物群相比，恐龙的确有其特有的复杂性与特殊性。而这种复杂性与特殊性可以从三个方面加以论述。这其中，每个方面又都涉及科学价值与文化价值两个层面。

首先，作为爬行动物纲下的一个总目（注：在林奈（Carolus Linnaeus）的科学生物分类法则中，按所包括的物种范围依次递减，可将整个生物世界自大到小分为界、门、纲、目、科、属、种七级结构；所包括的范围越大则种群间的差异越大，而所包括的范围越小则种群中个体间的差异越小；其中，在各个层级之间也可以用“总”和“亚”来进一步修饰结构，以用来定义处在两个明显层级之间的某些范畴），恐龙家族的成员极为多样化，这为其复杂性与特殊性奠定了具象的物质基础。160年以来，世界各地科学家们的辛勤工作已经逐渐把业已灭绝的恐龙家族扩展至超过500个属，1000多个形态迥异的种。如果考虑到最新的科研成果而把现存的鸟类作为恐龙的直接进化后裔纳入其中，则又要拓展出约9000多个鸟类物种。博物馆中所陈列的恐龙标本一般都特指生活在中生代的，已经灭绝了的种群，这其中包括：

- 巍然庞大、长颈长尾的蜥臀目－蜥脚亚目成员，如腕龙和马门溪龙等；
- 巨齿狰狞、双足站立的蜥臀目－兽脚亚目成员，如霸王龙和跃龙等；
- 头顶长角、威风凛凛的鸟臀目－角足亚目－角龙下目成员，如三角龙和戟龙等；
- 体态轻盈、善于奔走的鸟臀目－角足亚目－鸟脚下目成员，如棘鼻青岛龙和禽龙等；
- 脑壳坚硬、横冲直撞的鸟臀目－角足亚目－肿头龙下目成员，如冥河龙和剑角龙等；
- 身披重铠、肩宽背阔的鸟臀目－装甲亚目－甲龙下目成员，如林龙和包头龙等；
- 以及背竖骨板、潇洒飘逸的鸟臀目－装甲亚目－剑龙下目成员，如沱江龙和狭脸剑龙等。

除此之外，在中生代的天空与海洋里还分别生存着可以飞翔的爬行动物——翼龙，以及体形呈流线型的鱼龙和沧龙等。虽然在科学分类上它们并不属于恐龙，但是它们与在陆地上生存的各种各样的恐龙一起，将中生代渲染成了一个真正的“龙”之王国。

从科学价值的角度看，演化出如此众多形态的动物种群对于生命研究具有重要的意义。第一，它们曾经遍布世界各大洲并以其多种不同形态适应截然不同的生活环境。这是达尔文适者生存理论的有力支柱。第二，它们中有一些种群体形庞大，对其骨骼构造、肌肉强度以及循环系统等方面的研究是对动物生理学方面的巨大贡献。第三，对有些恐龙特有的筑巢育儿、顶撞竞争和群居协作等行为的研究可以大大推动动物行为学发展。第四，从恐龙到鸟类的进化过程无疑是对达尔文进化论最有力的支持。

从文化价值的角度来看，当这些史前爬行动物的骨骼化石被装架展出后，它们超乎寻常的庞大体形和令人惊异的奇特外貌往往会对观众造成一种强烈的心理冲击。虽然我们已经知道并非所有恐龙都是大块头，但是在普通公众的传统印象中，恐龙依旧是巨型史前怪兽的代名词。在人们看来，那些粗大可怖的骨骼暗示着曾经附着在上面的巨大而神秘的力量，而那狰狞的长角、匕首般的利齿与厚重的甲胄则象征着嗜血蛮荒的史前世界。这种普遍的联想往往会使人们对自己所熟知的现代世界进行对比思考，从而激发更多的幻想。于是，恐龙被符号化了。它们所生存的，温暖湿润且覆满高大蕨类植物的中生代逐渐变成了史前世界的典型象征；它们的生活状态被人格化，并演绎成“残暴的”食肉恐龙与“温良的”食植恐龙之间的猎杀与反抗；站在那几十米长的巨大骨架前，人们常常会遐想，如若这些史前巨兽没有灭绝则会对人类现代文明造成什么样的破坏；而仰望着恐龙下巴颏的小朋友们都会不由自主地想象，如果这些巨大的生物从自己头顶上迈步过去，那该是怎样一种无以名状的震撼啊！

其次，恐龙那颇具传奇色彩的命运为其复杂性与特殊性提供了抽象的发挥空间。恐龙统治地球长达1亿6000万年，而随后其绝大多数种群又极为神秘地突然集体灭绝了。这个生命进化史上的谜题不但吸引了众多科学家，也在普通大众中引起了巨大的兴趣。

从科学的角度来看，恐龙是否已经完全灭绝？这个问题本身就在古生物学界长期存在争议。近年来，中国古脊椎与古人类研究所的古生物学家们根据在中国辽宁发现的化石，为恐龙向鸟类的演化过程提供了迄今为止最为翔实的证据。而除此之外，在中国与加拿大新近发现的一系列新的物种化石则为这一推论进一步提供了更多的支持。可是，毕竟大多数恐龙种群都永远地消失了，而它们的灭绝原因依然是个未解之谜。小行星撞击地球说、火山爆发说与环境突变说等各种假说几十年来层出不穷，但是至今没有一种学说能够提供翔实可靠且无懈可击的证据。然而，所有这些假说都在不同程度上推动了人类对地球的认识，是无价的知识积累与总结。

恐龙的灭绝同样是普通百姓茶余饭后闲聊的一个有趣话题。一方面，所有对恐龙感兴趣的人可能都多多少少想过这个问题。虽然缺乏专业的背景知识积累与训练有素的缜密分析能力，但是基于科学常识与新近报道，大家也都乐于在亲朋好友中间当个业余“专家”，神侃一下自己的“假说”。另一方面，文学与电视电影等艺术创作在恐龙是否灭绝这个问题上找到了大量的创作灵感。很多科幻小说中都描述了这样的类似情节：某位科学家无意中在某处与世隔绝的角落发现了依然生存着的恐龙——就如同英国小说家阿瑟·柯南·道尔爵士（Sir Arthur Conan Doyle）于1912年发表的著名科幻小说《失落的世界》（The Lost World）和法国著名科幻小说家儒勒·凡尔纳（Jules Verne）于1864年发表的《地心游记》中描述的那样。除此之外，日本20世纪70年代的科幻电视剧《恐龙特急克塞号》，美国20世纪80年代的动画片《丹佛，最后的恐龙》，以及好莱坞最近的电脑特效大餐《侏罗纪公园》三部曲等，都从各种不同的角度讲述了人们对恐龙灭绝与否的各种浪漫幻想与自由发挥。

最后，综合以上两方面的特点，恐龙便拥有了被转变为一种文化的潜质。160年的积淀与发展使恐龙已经超越了纯粹的科学定义与肤浅的公众猎奇范畴。它已经完完全全地融入到每个人的生活之中，超越了语言、国家与传统的限制，变成了一种真正的世界文化。

在科学教育层面上，恐龙已经成为唤起青少年对古生物学的好奇心并培养未来古生物学接班人的最好切入点。不言而喻，与古生代那些体量较小，形态较为简单的三叶虫、菊石和鱼类化石相比，中生代的巨大爬行动物化石自然拥有更强的号召力，也更容易在少年儿童心目中留下深刻的印象。

在社会文化层面上，不仅仅文学与影视艺术在恐龙是否还存在这个问题上找到了无限的创作灵感，而且大众娱乐、传媒与玩具制造业等也进一步将其威风凛凛的形象与多种多样的形态，以更为自由的创作形式改造移植到更为广泛的领域里来。于是，我们看到了美国动画片《变形金刚》里的机器恐龙，日本漫画——哆啦A梦系列中《大雄与恐龙》里的时光机与恐龙世界，文化衫上的恐龙图案，各种各样的玩具恐龙以及越来越多的恐龙主题公园等。可以不夸张地说，很多小朋友甚至很可能不是从自然历史博物馆里而是从动画片或者玩具上认识了第一种恐龙。

总结以上三方面的特点，不难看出恐龙展览的超凡魅力的确与其复杂性与特殊性有着密切的关系。无可否认，恐龙对人们来说既是一门学问，也是一道生活调剂，一个大众科学的代表，一种成功的文化。因此，设计一个恐龙展厅，对这些特点应该予以重视。

接下来，让我们把目光重新投向伦敦自然历史博物馆。其实，作为一个世界知名的大型博物馆，南肯辛顿肯定少不了恐龙展廊。这不仅仅是因为它在恐龙化石收藏与研究方面非常有名气，更是因为其最初建馆也与恐龙展颇有渊源。英国的学者们是最早对恐龙进行研究的科研团体。早在1676年，牛津大学教授罗伯特·普罗特（Robert Plot）就对发现于附近采石场中的巨大史前动物骨骼化石进行了科学的研究与描述。而随着几代科学家的努力，最终在1824年，这些零碎骨骼被证实来自一种叫做巨齿龙的巨大爬行动物。这是世界上第一种被命名的恐龙。在19世纪随后的时间里，更多的恐龙化石被英国科学家与收藏家陆续在本土及世界范围内发现，而这些成果最终成就了自然历史博物馆的奠基人欧文在1842年将希腊文 δεινός（恐怖的）和 σαρος（蜥蜴）组合在一起，正式把这一类史前物种科学命名为“恐龙”。10年后，已经身为著名自然历史学家的欧文在水晶宫公园设立了令人瞠目结舌的恐龙雕塑展，而这次轰动一时的展览坚定了欧文日后建立一处独立自然历史博物馆的决心。因此，从某种角度来讲，有了当初的恐龙展才有了后来南肯辛顿那辉煌的自然圣殿。拥有这些深厚的积淀，历届自然历史博物馆的管理者们自然都不会忽视恐龙展廊。事实上，为了适应其吸引来的巨量参观人流，恐龙馆已经在1981年从东侧梳子齿状展廊挪至了更加宽大且重要的中央大厅。然而普通而传统的陈列方式使得向来追求新潮的董事会对展览并不满意。他们想要一个更炫目、更新颖的恐龙馆，而且这个愿望在1990年生态馆落成后就变得越加强烈起来。

1992年，当许多主流建筑媒体对新建生态馆的热情渐渐冷却的时候，大众的目光突然都被维多利亚协会发表的一份措词强硬的报告——《不自然的历史》（Unnatural History）吸引过来，而这次报告的主角不用说又是自然历史博物馆。很显然自从“填充项目”之后这个协会就和博物馆结下了梁子。报告中，维多利亚协会再次指责博物馆对沃特豪斯的展廊作了“不可挽回的破坏”，而人们吃惊地发现，这次报告中讨伐的对象是与东侧的生态馆遥相呼应的主立面西侧老展廊改造工程——一个崭新的恐龙馆（Dinosaurs Gallery）。博物馆不声不响地已经把自己的心愿变成了现实。

这处由罗恩·赫伦建筑事务所（Ron Herron Associates）设计的新展廊用巧妙而简洁的构思，将恐龙那独有的迷人魅力发挥得淋漓尽致。不但我们之前对恐龙这种复杂而特殊的“现象”的分析都可以在展览中找到相应的布展，而且设计人员对观众心理的细腻把握使得参观恐龙展就如欣赏一场恐龙大电影一般过瘾。

首先从展馆的整体结构上来看，罗恩·赫伦建筑事务所在概念上采用了与里奇相似的天桥理念，但却将其发展到了一个崭新的层面。依然是采用“不接触”原则，一条贯穿沃特豪斯展廊中部的钢结构天桥，如蜻蜓点水一般轻巧地穿插于原有结构之间，将高大的空间自然分为桥上与桥下两个部分。钢结构设计巧妙，截面上看似甲骨文或小篆中的“五”字——在上下两个平行笔画之间加了一个叉。其下半部分由向内倾斜的受压支柱来支撑桥面，而上半部分则由向外倾斜的受压支柱支撑起一组组长长的悬臂。在上下支柱之间，受拉杆件将整个结构体铆定为静定系统。整个工程轻灵通透，在两排原有中柱的遮隐下似有若无。与传统的放置在地面上的展示方式不同，恐龙骨架被巧妙地安排在了结构体之中。在天桥顶部向两边伸出的悬臂将一组组形态各异的骨架模型用透明有机玻璃托盘和细细的钢丝悬挂于两侧，使得来到南肯辛顿的人们可以欣赏独一无二的“悬浮”恐龙（图4-41～图4-43）。

展廊本身就是一部有关恐龙的精彩传奇。在故事的开篇处，借着幽暗的灯光步入展廊的人们，首先会迎面遇到一只正在“俯视”自己的庞大圆顶龙（蜥臀目—蜥脚亚目）骨架。这种曾经如牛羊一般常见的食植恐龙生活在晚侏罗纪，拥有人们对恐龙的一切最典型印象——长颈向天，身体巨大，四肢如柱子般强壮。

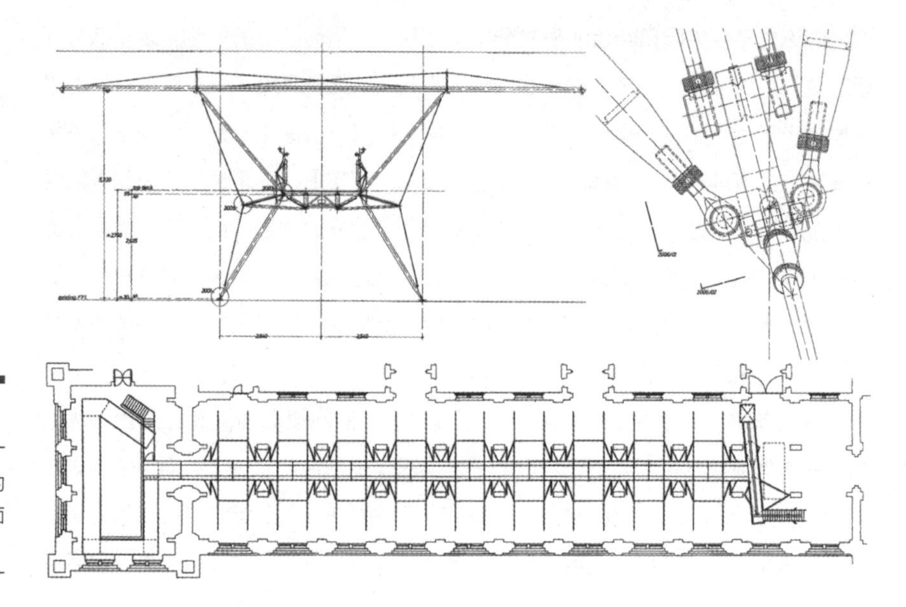

图4-41

罗恩·赫伦建筑事务所设计的恐龙馆天桥非常轻巧——平面图，剖面图与钢结构节点详图

由于参观的人群在经过比较低矮的入口走廊而进入大展厅时几乎是在极近的距离上与它立刻打了个照面，因此所有人都不得不仰视这个已经站在身前的巨兽。不用说，这个唐突的初次见面会使很多人回想起那种恐龙从自己头上迈步跨过的熟悉梦境。这种梦幻帮助人们从真实世界中抽身而出，进入到虚幻的恐龙世界之中。

圆顶龙无疑迎合了人们对恐龙的幻想。但是在它的左侧，游人们马上就会看到林龙（鸟臀目－装甲亚目－甲龙下目）的化石和棱齿龙（鸟臀目－角足亚目－鸟脚下目）的骨架。这其中，林龙是欧文当年定义恐龙这个物种所用的三件基础标本之一，而棱齿龙则是赫胥黎亲自研究描述的恐龙。它们都曾在历史上为恐龙早期研究作出过重要科学贡献。可以肯定地说，博物馆一定是有意将极具幻想色彩的圆顶龙与富含科学研究文脉的林龙与棱齿龙并置于一起的。这种细腻的对比使得展览的开篇便兼顾了恐龙的科学价值与文化价值两个方面。

路过林龙，在登上天桥前，人们便会与一只自下而上打光的狰狞三角龙（鸟臀目－角足亚目－角龙下目）骨架打个照面。众所周知，同时生存在白垩纪晚期，食植的三角龙与食肉的霸王龙已经在无数有关恐龙的文学艺术中被描述为势不两立的敌手。身躯结实强壮，头顶三只巨角，脑后覆盖坚硬骨板，且嘴呈鹦鹉般钩状喙的三角龙，是造型最为威风凛凛的一种恐龙。它往往象征着持久的防御

图4-42

天桥轻灵的穿插于旧有结构之间，顶部的悬臂两边悬挂着恐龙骨架模型

力与稳健的性格。而霸王龙身体庞大，两足站立，前肢短小但巨大的嘴里长满匕首般的长牙。这是一种完美的杀戮机器，象征着强大的进攻力与冲动而残暴的性格。不言而喻，在上桥前看到三角龙自然会使人们联想到它那艺术化的宿敌——霸王龙。可是霸王龙在哪里呢？

带着这个疑问，人们开始自东向西漫步天桥，欣赏那一只接着一只闯入眼帘的“悬浮”恐龙。在桥两边，博物馆的设计人员总共安排悬挂了十种不同种类的恐龙，基本上涵盖了蜥臀目与鸟臀目的所有典型物种。这其中，第一个映入眼帘的是锚固在左边墙上的恐手龙（蜥臀目－兽脚亚目）长臂。这种极为神秘的恐龙迄今为止仅发现了两只长达2.4米的巨臂，且巨臂的末端长着30多厘米长的骇人利爪。没有完整的化石，人们无法准确得知这种恐龙的外形，但是这两只极为恐怖的手臂显然已经足以激发起参观者的无穷想象力。博物馆显然希望达到这样一种效果，因为只有在最开始就被这种模糊而神秘的气氛所笼罩，人们才会在后面的展览中更主动、更投入地试图揭开恐龙的秘密。

图4-43

新旧结构对比，新的钢结构并没有接触到旧有结构，所以不存在对原有建筑的破坏问题

在恐手龙之后迎接游人的是一大一小两只禽龙（鸟臀目－角足亚目－鸟脚下目）。这种恐龙非常有名。它是欧文最早定义恐龙的三件基础标本之一，由于多在欧洲被发现，又被称为“欧洲的恐龙”。这两只禽龙的独特之处在于标本装架不同：大的那只采用了人们对其形态的早期认识——两肢站立，身体挺直，尾巴拖在地上；而小的那只则采用了最新的研究成果——身体前倾，尾巴向后伸直悬在空中起平衡作用，既可以两足站立也可以四肢着地行走。博物馆希望通过这样的对比来阐述对禽龙形态学研究的科学发展，因为这可谓是众多恐龙中最具传奇色彩的一个典型案例。一个半世纪以前，水晶宫公园恐龙展中就出现了禽龙的雕塑，而且欧文的恐龙午餐也是在禽龙的模型里举办的。可是那时的禽龙造型与现在迥然不同，看上去更像一只犀牛而不是爬行动物。20世纪中后期，禽龙的形态变化为体形较大的那具标本的装架形式，而在20世纪末、21世纪初，人们对禽龙新的认识使得装架又被改进为较小标本的形式。禽龙不算是什么威猛的恐龙，被发现的标本也非常丰富，然而就是在这种极为普通的恐龙身上，人们可以领会到恐龙科学的持续发展与科学家们的严谨态度。

禽龙之后，沿着天桥一路西行，人们会依次在两边看到“低头觅食”的大椎龙（蜥臀目－蜥脚亚目），“疾步狂奔”的跃龙（蜥臀目－兽脚亚目），“冲天怒吼”的阿尔伯特龙（蜥臀目－兽脚亚目），来自中国，“温眉和目”的多背棘沱江龙（鸟臀目－装甲亚目－剑龙下目），“凌波微步”的似鸡龙（鸟臀目－角足亚目－鸟脚下目），以及三只“鬼鬼祟祟”的驰龙（蜥臀目－兽脚亚目）。这些多种多样的恐龙基本体现了恐龙的多样性，其活灵活现的装架，使得人们对庞大的恐龙家族有了一个大体的认识（图4-44）。

对于这一组展览，其灯光效果颇为值得一提。由于整个展廊计划采用人工光

图4-44

在天桥上看“悬浮”的阿尔伯特龙骨架模型

源，因此所有的南向侧窗都被严严实实地遮了起来。在天桥上，两边的恐龙都被用一系列安装在桥身栏杆外侧的小型射光灯自里向外、自下向上交叉照亮，因此在恐龙背后的墙壁与天花上，便会投影上十分诡异的骨架影像。同时，当人们走在钢桥上时，桥身会微微地振动。这种轻微的振动会导致悬挂在同一结构体上的骨架模型也产生微微的颤抖。然而，即使是这种振动的幅度小到几乎看不出来，但由于射光灯是点光源，可将投射在墙上的骨架阴影扭曲放大，而同时那些极微小的振动也会被放大到可以轻易觉察到的程度。于是，在这立满骨架的幽暗展廊里，这些重重魅影渲染出了一种魔怪般的神秘气氛。更有甚者，由于展廊内原有粗大立柱的遮挡，人们在天桥上特定的几个位置可以看到投射在后面墙面上的局部骨架投影在轻轻摇曳，却看不到侧前方的恐龙骨架。一时间，人们如同步入时光隧道，那恐怖狰狞的恐龙正静静地躲在前面的某个角落里，等待着你的到来……

天桥最西端一直延伸至西塔楼内。在穿越拱门进入塔楼之前，人们会看到最后一组悬浮的恐龙化石，那是一只霸王龙的头骨和一只三角龙的头骨并置在一起。如果此时您还记得在上桥前我们曾见到过一具引得大家联想翩翩的三角龙骨架的话，那么在即将下桥的时候，霸王龙（蜥臀目－兽脚亚目）终于要粉墨登场了。此时此刻人们会隐隐约约听到前方塔楼内时不时传出一阵阵奇怪的吼声，于是怀着无比的好奇，迫不及待地进入拱门，顺着坡道顺时针转下去，我们就会遇到恐龙展厅里最受少年儿童欢迎的展品—— 一条名为“提瑞”（T-Rex）的机械霸王龙。这条近7m长，4m高的史前怪兽被安置在恐龙展厅西尽端的阴暗塔楼里，不时地爆发出骇人的怒吼（图4-45）。

提瑞是一个集合了当时世界上最先进的计算机和机电一体化技术的产品。这条有成年霸王龙四分之三大的机器龙由日本机器人公司KOKORO负责制造。虽然几乎与恐龙展廊同时招标，但是由于博物馆方面极为严格的要求，KOKORO用了长达10年的时间进行研制，其成果最终在2001年2月才与观众们见面。这条霸王龙价值22万英镑，是博物馆里最昂贵的现代展品。其细腻逼真的动作源于数百个空气活塞的协动，而用硅胶和特殊泡沫材料构成的皮肤与肌肉组织，则让提瑞的一举一动都更加传神。更为巧妙的是，提瑞的双眼是一对微型摄像头，能根据电脑程序的指挥随机旋转，在观众当中“捕捉”目标。这双“霸王龙之眼”只要锁定一位观众，提瑞就会像真正的掠食者一样压低头部和上身，把鼻子朝着观众所处的方向一张一翕的嗅两下，突然张开血盆大口，发出一阵狂暴的吼声。这些随机生成，而且颇为自然的动作，让很难看到提瑞举止“重样”的观众们，产生了“重回白垩纪”的错觉。一些小孩子往往会被提瑞的第一声怒吼吓得哇哇大哭，但即便泪眼涟涟也不愿意离去，一定要等到提瑞看到自己才满意；大一点的孩子们会勇敢地趴在栏杆上大声喊着提瑞的名字，向它伸出手，希望能引起霸王龙的“注意”，与它合上一张最酷的相片。不仅仅是机器龙本身十分逼真，博物馆的科研人员把提瑞所处的模拟场景也做得惟妙惟肖。展厅内，幽暗的灯光与朦胧的音效勾勒出了史前沼泽的大背景，而精心调配出的泥土腥味和特殊烟雾制造出的浮尘等细节处理，则更令人感觉身临其境，时光倒流。如今10年过去了，每天依然有多达12000多人专程来看提瑞，摩肩接踵，络绎不绝。

提瑞超群的魅力，有赖于高科技的设计能力，但更依靠博物馆对观众负责的科普态度。这是博物馆里唯一一处主题公园化的展厅，仅仅“精心喂养”了唯一一条真正意义上的机器人恐龙。不求多，但求精！博物馆与承建公司由内而外的精心设计，不但使霸王龙拥有了活物的灵动，而且如实反映了对霸王龙及其生活环境的最新科研成果，这才是使其至今长盛不衰的最终原因。

图4-45

惟妙惟肖的仿真机械霸王龙——提瑞

绕过提瑞，游客们便自然来到了桥下空间。在这里，见不到完整的骨架，取而代之的则是一排排设计精巧的互动式展台。所有这些展台被布置成“之”字状线路穿梭往来于桥底两侧，使得整个底层空间长度得以成倍增加。印在第一块展板上的一句醒目的标题点明了这组展览的主旨——“We are dinosaurs like animals living today”（我们是恐龙，和今天生存的动物没什么两样）—— 不错，人们接下来要进入的正是恐龙生理生态展区。这里包括恐龙的生活环境，筑巢与育儿，肉食恐龙与植食恐龙在生理上的区别，恐龙的骨骼、肌肉与活动方式，恐龙的皮肤，以及恐龙的竞争与冲撞行为等几个独特的展区。在这其中，冲撞行为展区着重介绍了本展馆中唯一一种因为标本缺乏，而没有以悬挂在天桥两边的完整骨架形式进行展示的一个种群——鸟臀目－角足亚目－肿头龙下目的恐龙标本。至此，所有的典型恐龙种群都在恐龙馆里有了代表（图4-46、图4-47）。

非常明显，有关恐龙的科学知识都将在这些桥下的互动式展台中得到清晰而严谨的阐述，然而，如果在专注于五花八门的互动展台的同时，人们偶尔抬头看看，就会发现自己时不时地站在了悬挂在头顶上的恐龙肚子下面。这是只有在南肯辛顿才可以看到的一种非常有趣的视角，如果说刚进展厅时遇到的圆顶龙尚且还要依靠局促的空间关系和自身的高大来“迫使”人们幻想自己寄身“龙”下的感觉，那么在桥下展区，人们都可以轻松地体验到恐龙从头上迈过时的心理震撼。无论是站在狂奔的跃龙下面还是静踞的多背棘沱江龙下面，你都会觉得自己突然变小了，就如同曾在孩提时候的梦中一样，惊恐的，好奇的，仰望着那形形色色的恐龙（图4-48、图4-49）。

“之”字形桥下展区逐步将人们自西向东引回到入口处，整个恐龙展也逐渐接近尾声。而在最东面的桥下空间里，博物馆放上了最后三个主题展区。第一个是“恐龙灭绝”，可这里的布展很可能与绝大多数人的期盼截然不同。博物馆认为：既然尚无定论，就不妄下结论，因此没有必要强加给人们某种理论学说。于是，我们看到的是一系列诙谐荒诞的漫画来诠释恐龙灭绝的可能。博物馆显然将解释这个古生物学最大谜团的自由，留给了千千万万的参观者。第二个展区是“恐龙文化”，在这里大多数人都会或多或少地找到一点共鸣。我们看到，不但许多自己童年曾经玩过的玩具和看过的漫画书被正式摆入了展柜，而且大屏幕上放着的正是熟悉的《金刚》与《侏罗纪公园》。一时间，我们似乎头一回感觉到恐龙竟与自己的生活是如此的联系紧密，它们没有“灭绝”——这里指的不是从科学概念上去解释，而是特指它们在文化中永生（图4-50）。

最后一个展区是“职业启蒙”，在参观过了这之前一整套完整而系统的恐龙大观之后，是引导对此有兴趣的少年儿童向成为一名真正的古生物学家而努力的时候了。传统的展柜中，野外考古的各种大小工具都被仔仔细细、分门别类地展示出来，用以解释考古科学的严谨与细致，也使观众们能够在兴奋之后回归认

图4-46

天桥下有足够高大的空间来布置
恐龙生理生态展

图4-47

天桥下的展廊，左侧前方展柜中陈列的是肿头龙下目的代表——冥河龙的头骨

图4-48

游走在桥下展廊中，人们会在不经意间发现自己走到了不同的恐龙骨架的肚子下面，图片为仰视阿尔伯特龙

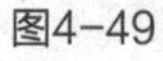

图4-49

“悬浮”在头顶上的多背棘沱江龙

识科学研究的本质。转过隔墙，出口处屹立着一排蓝色的展板。诸如欧文、达尔文、赫胥黎等世界最著名的古生物学家们的生平简介均在此向公众展示。而这里面，我国著名古生物学家，中国古生物学的奠基人——杨钟健先生也赫然在列。牛顿曾说过：“假如我看得远一点，那也是因为站在了巨人的肩膀上。”前事不忘后事之师，博物馆也特地在展览的结尾处设立名人堂，向对古生物学的发展居功至伟的先哲们致以崇高的敬意（图4-51）。

路过先哲展廊，这部内容丰富、情节跌宕的恐龙传奇就真的要落下帷幕了。可是人们会在出口处的左下方吃惊地发现一条正在酣睡的小鹦鹉嘴龙。当然，这

图4-50

“恐龙文化”展区

图4-51

“职业启蒙”展区

个造型可爱的小家伙只是一个模型，看上去似乎睡得昏天黑地，一动不动。大多数游客都会认为如此，便匆匆地瞟上一眼就冲进对面的纪念品商店去了，可是有些幸运的游客会突然发现这条小龙居然会偶然睡眼惺忪地眨眨眼，打个哈欠，动动尾巴尖，然后又舒舒服服地继续做梦。原来，这是一条设计巧妙的小机器恐龙。每隔几分钟，它就会微微醒来，稍微动一动，而且每次动的动作与幅度大小都不一样。这是整个展览中最诙谐有趣的一幕。碰巧看到小鹦鹉嘴龙醒来的人们会得意洋洋地向那些错过这有趣一幕的人们讲述自己的幸运，使得后者追悔莫及。而即使是在看到小恐龙醒来的人们中，有的仅仅会见到小龙动动眼皮，有的会碰到小龙做梦似地动动爪子尖，而有的则会非常幸运地遇到小龙抬起脑袋，左右看看，都不一样。不用说，小鹦鹉嘴龙使得整个展览有了一个富有悬念的结尾。仅仅因为它，估计不少孩子们要惦记着在将来什么时候回来再看恐龙。

事实很清楚，南肯辛顿的这个展厅尝试将有关恐龙的一切价值，全面而系统地加以诠释，并取得了卓越的效果。在这里，设计师把诸如主线构思，空间划分，多层次利用，流线组织，展品有序布置，照明与投影效果，实物标本与机器人模型穿插配合，互动展台设置，和营造心理及视觉冲击力等多种设计要素与理念综合成为一个复杂且有序的系统。这使得人们在参观时既能感觉到处处充满了意外，又不觉得过于凌乱琐碎；既能系统地学习恐龙知识，又可自由发挥创造自己的理论；既可体会到学术研究的严谨，又能享受恐龙所唤起的无限幻想。不用说，恐龙那复杂而特殊的科学价值与文化价值被完美地交织展现了出来。

博物馆为这个永久展厅支付了高达260万英镑的设计与施工费用，这还不包括日后霸王龙提瑞的额外支出。然而，董事会认为这笔钱花得非常值得，而且自己的恐龙馆毕竟取得了巨大的成功。虽然有维多利亚协会唱反调，但是这次，即使是最以吹毛求疵而著称的英国杂志编辑们也多少对那些古旧保守的保护主义者不满了。大多数媒体对恐龙馆称赞有加：1992年4月17日的《建筑设计》用整版的篇幅介绍了这一别出心裁的设计，并用颇带嘲讽的口气替博物馆回应了维多利亚协会们的老脾气：“这一位于阿尔弗雷德·沃特豪斯的自然历史博物馆内的巨大的新恐龙馆避免了‘蹭’到原有结构，也同时避免了给那些建筑保护主义者们任何借口来挑刺”（Welsh，1992：8）。另外，1992年6月的《设计者期刊》（Designers’Journal）将南肯辛顿的恐龙馆盛赞为“世界上诠释得最好的恐龙展览”（DJ，1992：7）。然而，所有这些评价都赶不上自然历史博物馆自己在1993年出版的恐龙馆参观手册——《The Natural History Museum Book of Dinosaurs》封面上的评注：“6500万年以来最出色恐龙展的官方手册”！令人惊叹，博物馆竟然将自己的这处展廊与史前真实的恐龙世界相提并论。这句惊世之语的背后该是多么强大的自信呀！

时间可以证明一切。如今，恐龙馆已经开馆18年了。这么多年来，恐龙馆并没有经历什么大的更新改造，但是依然有大量的游客慕名而来，如雨骈集。十数年如一日，工作人员每天都要在中庭设立起曲折蜿蜒的人流控制栏来保证那高达万余人的庞大人群都能如愿看到悬浮在空中的恐龙。毋庸置疑，这种壮观的场面就是对南肯辛顿当年那不可思议的自信心的最好回报。

对于展馆设计而言，恐龙馆不能不说是一个伟大的奇迹。

4.2.6 金属巨球（The Earth Galleries）

每逢暑假期间，自然历史博物馆都会游人如织。在最繁忙的七八月份，不仅来自世界各地的游客在每天早上8点多钟就在博物馆主入口南侧的克伦威尔路上排起数百米长的队伍，期待着能在10点钟博物馆一开门就进去参观，甚至博物馆内也不得不在特定的展馆进行人流控制，一拨一拨地放观众入馆参观。为了能看到德皮，有时候人们要在大门外忍受将近一个小时的暴晒，可是很多人不知道，仅仅转过街角，就在东侧的展览路上，自然历史博物馆还有另外一个入口。这里没有长队，清清爽爽，但是建筑风格也与沃特豪斯的彩陶主馆完全不同，以至于不熟悉伦敦的外来游客多半会把它当做别的什么单位。这里就是自然历史博物馆的地质馆（图4-52）。

这座位于沃特豪斯主馆东北角的新古典主义建筑由建筑师理查德·艾利森（Sir Richard Allison）与约翰·哈顿·马克汉姆（John Hatton Markham）在1929～1933年以22万英镑的造价设计并建造。而后者也正是前文中所提及的鲸类馆的建筑师。自从建成以来，地质馆就一直有点不太讨人喜欢。从外观上看，它几乎就是一个敦实的立方体外加上一个由四根科林斯巨柱式所控制的巨大门廊，正冲着东侧的展览路。虽然拥有东、南、北三个对外立面，但是除了面向东的主立面尚还因为科林斯柱饰的要求而稍微有点建筑语汇外，其余两个立面上则几乎是空白一片。这种“语言匮乏”使得这座建筑基本上没有什么功能识别性，而且比较沉闷。因此在1975年，当自然历史博物馆的东翼将其南侧立面完全遮住时，人们还为此颇为高兴了一把。如今，我们已经无法考证为什么当初设计师在古典建筑上采用了这种相对简约的设计手法，但是有一点可以确定，那就是在建筑艺术成就上，这个过于中肯的建筑的确无法与沃特豪斯那锦装丽饰、富丽堂皇的自然圣殿相提并论。

地质馆原来是一个很有传统的独立单位——英国地质博物馆，如果将它的早期发展历史都算上，甚至比自然历史博物馆开馆时间还要早将近50年。可是自从地质馆内的机构与展品均在1935年挪入阿尔伯特卫城以来，它在基础设施和展览陈设方面就从来没有经历过什么大的改进。时值1980年，地质博物馆的老东

图4-52

地质馆外观

家——不列颠地质调查局（British Geological Survey）从伦敦北迁到了英格兰中部的诺丁汉市（Nottingham）附近，这一下更使得博物馆成了没娘养的孩子。1985年，在走过一系列复杂的行政手续后，地质博物馆被正式纳入了它的近邻——自然历史博物馆的麾下，而在那个时候，自然历史博物馆的董事会正铆着一股劲准备报“填充项目”流产的一箭之仇。于是随后不久，我们知道位于沃特豪斯主馆内的多个展廊都进行了有条不紊却颇具争议的更新改造。这其中除了生态馆和恐龙馆等项目以外，波森·威廉姆斯建筑事务所（Pawson Williams Architects）还重新设计了位于中庭二楼西回廊的灵长目展廊（Buxton，1993：5）。显而易见，与日新月异的主馆相比，地质馆的进化显然有点过于滞后了。

1988年，自然历史博物馆决定在地质馆的西侧加建一个小小的过厅，进而把两个博物馆从室内联系起来。这个夹在楼缝里的小项目基本上没有费多少工夫，也从外面看不出来，但是从博物馆的管理角度与功能角度上来看，它却起到了加强展览空间一体化程度和提高观众观展质量等重要作用。小过厅几乎没有任何悬念地成功了，但就在地质馆的老员工们把它看做未来更大规模的外部改造的前奏而津津乐道的时候，董事会却对改变地质馆那沉闷的外观失去了兴趣。很显然，在20世纪90年代初的那几个室内展廊设计成功之后，自然历史博物馆对投入小、见效快的内部展廊设计充满了兴趣。地质馆内部拥有俯瞰高大中庭的三层环形展廊，上覆拱状天窗，看上去虽然略显老旧但要比其外部气派得多，是个有改造潜力的地方。于是，借着生态馆与恐龙馆成功的东风，董事会最终希望以1200万英镑的投资来彻底改造地质馆内部的所有空间（图4-53）。

1993年，原“生态馆”的设计师——伊恩·里奇被再次委以重任，主持地质馆更新项目。里奇继续了他对高墙的热爱和对“水”与“火”两种元素的热衷。与“生态馆”相似，他决定用两面通高的大墙将两侧的三层展廊全部封住，从而创造出一个高大的独立中庭空间。自东侧入口处步入大厅，“火”依然位于左侧，而“水”依然位于右侧，但是不同于“生态馆”的半透明玻璃墙，这次里奇决定使用两种元素的凝固状态。这是一个匪夷所思的大胆计划。“火”墙是一面巨大的地层剖面，从石缝中缓缓淌出的模拟岩浆与带状火成岩向人们展示了地心深处的惊人能量；而“水”墙更令人咋舌，那是一片3层楼高的真冰壁，象征着大气环境内的神奇造化。里奇的非凡方案令董事会吃惊不已，在赞叹建筑师超凡脱俗的想象力的同时，大家也为其仅仅一个中庭就高达1500万英镑的惊人造价，无底洞般的空调费和后期维护费用而发愁。最终，董事会认为这一方案虽然不同凡响却过于超前，方案设计不得不重新进行（BD，1993：4）（图4-54）。

1996年，董事会选定了曾经设计灵长目展廊的波森·威廉姆斯建筑事务所提交的方案。这在当年可是这个事务所接到的最大项目，建筑师基思·威廉姆斯（Keith Williams）和特里·波森（Terry Pawson）决心借此将自己的事务所一炮

图4-53

改造前的地质馆拥有俯瞰高大中庭的三层环形展廊

图4-54

伊恩·里奇的改造方案——左侧为“火墙”，右侧为“冰墙”

打红。在新的方案里，虽然类似里奇的大墙概念仍被保留，但是材质却回归为最基本的建筑材料。从空间外观上来看，中庭的两侧，由钢结构骨架与原有结构体相互铆接而支撑起的两面大墙依然把中庭变为了一个独立的整体展廊。面向中庭的立面用黑色石板材来象征夜空，而墙面上则一面镌刻着银色的星辰，另一面绘制着太阳系九大行星。中庭正中，一部长长的自动扶梯穿过一个悬浮于空中的巨大金属球体而将游客直接送至12米高的三楼展厅。随后，人们便可以逐层下降参观中庭两侧的展廊。这样的设计既能使背着大包小包的游客免于爬楼之苦，又可以避免人们在参观的时候走回头路。在室内环境方面，由于中庭上面是一个巨大的天窗，因此如何消除强烈的温室效应就变得十分重要。波森·威廉姆斯采用了不同的技术手段来保证室内温度、湿度与照度符合展览要求。他们将大墙做成了双层，而且中庭地板也被抬高了半米，从而使墙内的空间与地板下的空间相连为一个整体夹层。夹层内部密布与屋顶风泵相连的冷却格栅和散热片。于是，随着室外的冷空气源源不断地流过夹层，整个两面大墙与地板都变成了一个巨大的散热板（Allen，1996）。在天窗材料方面，建筑师采用了一种来自诺斯盖特太阳能公司（Northgate Solar Controls）的新型贴膜。这种可以直接贴在玻璃窗外面的复合材料由三层薄膜构成，最下面一层为浅灰色的吸光膜，第二层为银色的反光膜，而最外面一层是可以保护下面两层薄膜不受城市污染物与酸雨破坏的聚乙二烯氟化树脂膜。这三层膜放在一起，可以将85%的太阳紫外线与红外热能吸收反射掉，而仅允许3%的可见光线进入大厅，从而在极大程度上减少了中庭过热的可能性（Museum Journal，1997）（图4-55）。

在波森·威廉姆斯的方案中，最为抢眼的部分无疑是那个令人叹为观止的大球。这个直径达11米的结构体由锌、铁、铜等金属薄片所覆盖。一套复杂的机械系统能够使之绕自动扶梯为轴转动。这是一个富含隐喻的设计。站在扶梯上进入球体内部的游客可以体会到一种逐渐进入地心深处的心理震撼，从而对接下来要看到的地质展览有所准备，开始一段神奇的“地心游记”（图4-56）。

不用说，人们自然对这一崭新的展览奇迹趋之若鹜。在新馆建成后的第一年里，据统计就有180万人站在自动扶梯上穿过了金属大球，进入了“地心深处”

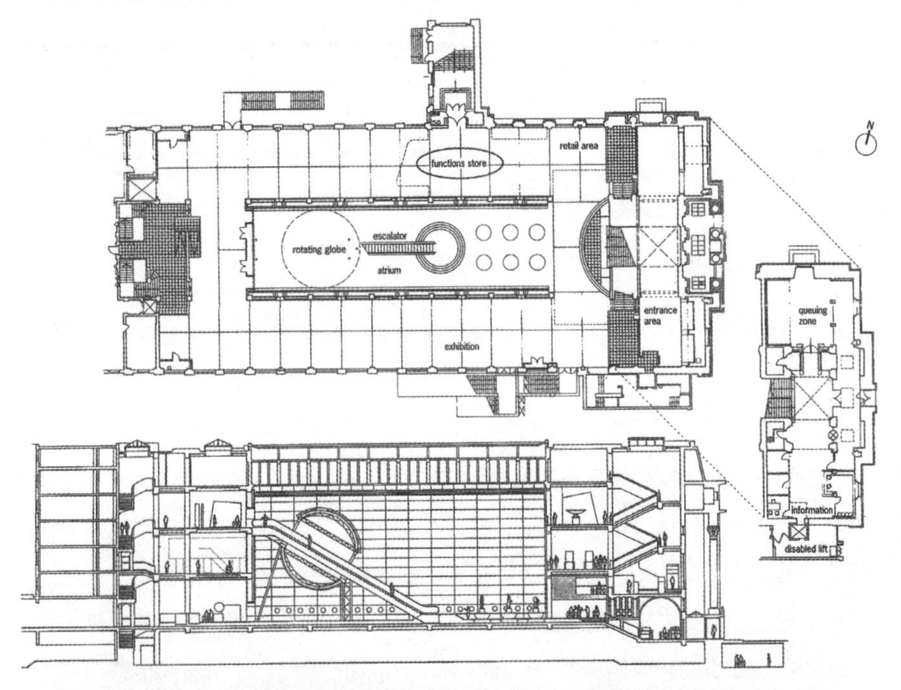

图4-55

波森·威廉姆斯建筑事务的改造方案——标准层平面图与剖面图

图4-56

建筑师们在研究中庭金属大球的模型

图4-57

改造后的地质馆中庭——中央为旋转的金属大球，一部电动扶梯将游人直接带入“地心深处”；近景为六尊以地质研究发现为主题的雕塑以及相关的展品；左侧墙面镌刻着星座银河；右侧墙面镌刻着太阳系九大行星

图4-58

如今，每天依然有众多游人通过自动扶梯穿过大球，但是大球却静止不动了

（MJ，1997：27）。一时间，“去自然历史博物馆看大地球”变成了与看恐龙提瑞一样流行的话题。然而，多少令人失望的是，也许因为承包商缺乏建设尺度如此巨大的设备的工程经验，大球的转动构件设计并不完善。自1996年开机以来，各种各样的机械故障就不断出现。它的旋转并不平顺：有时时快时慢，有时咯咯作响，有时甚至会轻微抖动，而这一切对于穿过大球的游客而言可不是一个好的体验。终于在1997年8月，博物馆为了安全起见停下大球进行检修。人们一开始希望这个看上去并不是特别高科技的机器可以被很快修好，然而博物馆却发现起初负责建设的那家叫做Technical Fabrications的工程公司竟然再也联系不上了。失去了承包商的质保与保修，博物馆自己面对这个瘫痪的大球是完全束手无策了。可正所谓是“福无双至，祸不单行”，在1998年6月，大球依然静止在那里，《博物馆期刊》却报道说这一次连穿过大球的电梯也出现了问题。虽然这一回供应商很快就查明并修好了故障，但是一而再再而三地在同一个装置上出现问题使得博物馆不得不暂时放弃了使大球尽快转起来的想法。于是自从上次停转后至今，地质馆的金属地球再也没有能够旋转起来（图4-57、图4-58）。

现在，步入地质馆的人们只能乘扶梯穿过一个静止的金属球，可是伦敦人并没有把它忘记，在茶余饭后，人们依然在闲聊着什么时候大球能够再次旋转起来。

4.2.7 节能先锋（The Darwin Centre Phase I）

正当博物馆设备部门的工程师们为了地质馆内金属大球的质量问题而挠头之

时，一份更为雄心勃勃的扩建方案在自然历史博物馆董事会的挑剔目光下通过了评审。这是一个在博物馆整个发展史中从未有过的庞大构想。在博物馆西北边，一个巨大的现代化科研与展示中心将会紧靠着西半边的梳子齿状展廊出现。该项目计划建设时间将长达十年，投资可能会超过一亿英镑。它的出现将足以保证伦敦自然历史博物馆在未来数十年内的国际领先地位，它荣幸地被用一位妇孺皆知的英国自然学家来冠名 —— 达尔文中心（Darwin Centre）。

由于该建筑计划过于庞大，出于对资金筹措方面的顾忌，博物馆最终决定将达尔文中心分为两个阶段建设。第一个阶段主要是为了给动物学部提供一个新的浸制标本储藏空间与研究空间，实质上就是替代了那座建于20世纪20年代的“第二代酒精楼”。

我们知道，第二代酒精楼坐落在与沃特豪斯大厦若即若离的西北边缘，紧邻昆士盖特街（Queen’s Gate）。它不怎么起眼但却对于博物馆的研究而言十分重要。楼内储存着45万罐、2200多万件浸泡在酒精中的标本。这其中，有相当一部分标本已有上百年的历史了。这一庞大收藏与存放在别处的另外4800多万件干贮标本共同组成了博物馆傲领全球的巨型标本库。然而，原本就不完善的贮藏条件使得第二代酒精楼在服役70余年后愈加显得不堪重负，于是在1996年，博物馆决定拆除充满危险隐患的新酒精楼，并同时用崭新的多功能研究中心来取而代之。这就是“达尔文中心一期”工程，而由于已经叫顺了口，博物馆的内部工作人员还是更愿意沿用老名字 —— 酒精楼。

该工程是续20世纪80年代初的东侧“填充项目”失败之后博物馆所计划的最大的更新项目。有了前车之鉴，这次董事会决定小心翼翼地与英国遗产保护协会和维多利亚协会等刺头打交道，做好沃特豪斯主馆的保护和新旧建筑协调等工作。当然，拆掉其貌不扬的第二代酒精楼是没有问题的。本来这就是座纯粹注重功能性的寒酸小楼。在注重繁冗装饰的英国遗产保护协会和维多利亚协会眼里，它可能本身就是对沃特豪斯主馆那辉煌整体效果的一种破坏，早就应该拿掉。再者，由于新的达尔文中心一期就是要在原酒精楼的基址上原地拔起，与沃特豪斯主馆完全不挨边儿，因此不会涉及拆掉或影响任何一部分沃特豪斯原有建筑的问题。如此说来，所剩下的唯一关键问题就是如何在外观上协调新建筑与沃特豪斯主馆之间的对话了。规划申请还是顺利地拿了下来。董事们选择了当时还名为“CDH事务所”（Cecil Denny Highton Partnership）的“HOK国际”（HOK International）来负责这一项目。1996年9月，项目建筑师 —— 盖·科姆利（Guy Comley）就拿出了方案。这是一栋地上主体部分为八层的现代化大楼，南北朝向。按照博物馆对待建筑设计的一贯态度，当时最新、最时髦的建筑语汇与理念都被用在了上面（图4-59）。

设计师的主体概念是生态建筑与纵向分区。在结构方面，大楼采用了极简化的

图4-59

拆除旧酒精楼，背景为正在同时施工的达尔文中心一期

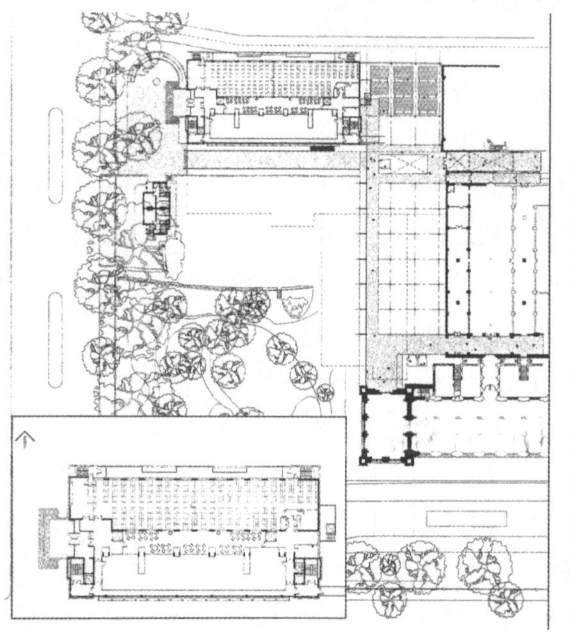

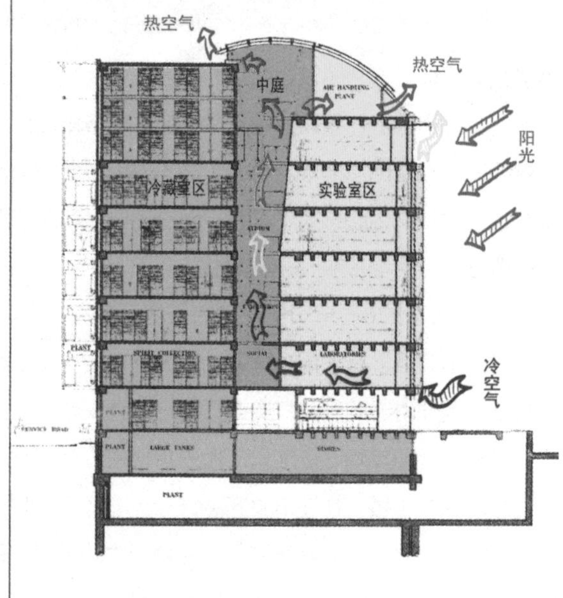

图4-60

HOK国际的设计方案——剖面图显示了三大纵向功能分区与全楼自然通风设计

钢结构设计，使得内部空间得以整体化、最大化（Buxton，1996：8）。这一点不管是对科研来说还是对存储而言都极为方便。而从剖面上看，被整合起来的建筑空间实质上被纵向分为了很明显的三叶，并分别被赋予了不同的功能（图4-60）：

南侧向阳，为科研区。除底层与顶楼设备用房外，六层大空间实验室可以灵活分割为大小不同的工作区域，供博物馆内350多位科学家在此工作。南立面横向分为三段。两边为封闭楼梯间，外观上由淡黄色的陶砖为主基调，左右侧各配以与整个建筑通高的纵向玻璃窗，在比例上很像两座敦实的角端塔楼。中部绝大部分立面为一面双层玻璃幕墙，其通透的观感与两侧封闭的楼梯间形成了强烈的对比。幕墙由104个采用了仿生学原理设计造型的镀镍合金蛙爪支撑。与通常我们所见的小蛙爪不同，达尔文中心一期所采用的这种特殊蛙爪结构尺寸很大，每个高达1650毫米，从而在立面观瞻上形成了非常显著的建筑语汇。双层幕墙上下均设有可开闭的通风口。夏天通风口均开启，幕墙可利用太阳红外热能来加热夹层内的空气，使之向上流动并通过上部通风口逸出。这种空气自然流动可以形成室内外压力差，从而使较重的凉爽空气源源不断地从下部通风口被“拔”进室内，形成自然通风。在建筑设计中，我们称为“烟囱效应”。而在冬天，通风口将被关闭，从而在幕墙夹层中形成一处类似狭窄玻璃温室的封闭空间。英国的冬日漫长而阴冷，有了这一夹层，人们便可以把非常有限的太阳日照用来制造温室效应，有效加热夹层内的空气，从而向室内散热。此外，幕墙中间还设有多层可根据太阳角度自动调控的遮阳板。依靠这些遮阳板角度的微妙调节，人们可以更加有效地控制进入幕墙夹层的太阳红外热能与进入室内的光线，从而避免过热与过亮。

北面背阴，却是设置浸制标本储藏室的极佳朝向。这半边楼没有窗户。地坪以上分为九层，全部都是普通标本储藏室，用来储存较小的瓶瓶罐罐；而地下一层则是酒精槽室，里面并排放置着一排排巨大的密闭钢标本槽，槽内则泡制着许多诸如剑鱼、翻车鱼等大型海洋生物标本。由于酒精的燃点为20℃，因此达尔文中心一期的这半边被整体设计成了一个巨大的冷库。在地下室里，庞大的压缩机组夜以继日地工作着，使得库内温度永远被严格地控制在13℃（Williams，2002：34-35）。平时，除了科研人员进入库房提取标本外，这里基本上没有人。但是在旅游旺季，游客可以提前报名参加每天不多于14个的小型团进入储藏室去参观。由于在这里可以看到很多没有经过专门展览设计的“原生态收藏”，很多人都会感到非常新奇。

通过一扇设计巧妙的空气闸，乍一进入北侧库房，人们就会明显感觉到温度降低且会闻到一股扑鼻而来的浓重酒精味。接下来，导游会带着大家参观一排排堆满了形形色色标本的储存架。这里没有明显的秩序，没有观展美学的控制，一切都是看似杂七杂八地堆在一起，然而恰恰在那些已经发黄的瓶瓶罐罐上面，细心的人们会惊奇地发现由达尔文亲手写的标签——那些都是这位伟大的自然学家在1831～1836年搭乘比格尔号探险途中所收集的标本。现在，与其说它们是标本，还不如说是古董了！参观过程中最吸引人的地方要数那条在2006年由英国拖网渔船偶然捕获的巨型鱿鱼标本了。这条长达8.62米的鱿鱼有个昵称——阿奇（Archie），号称是世界上保存最为完好的该类型标本。为了能够安全妥善地永久保存阿奇，博物馆专门定制了一个长达9米的有机玻璃槽。可是由于长时间浸泡在防腐液中的鱿鱼表皮会变得非常脆弱，极为轻微的液体晃动都会使之慢慢化为粉末，所以整个有机玻璃槽被安置在了一处锚固在储藏室底层地面上的粗壮钢框之中。很显然，这个展览也变成了建筑的一部分（图4-61、图4-62）。

图4-61

一个参观储藏室的小型团正在科学家的指导下观看一个打开的酒精标本槽

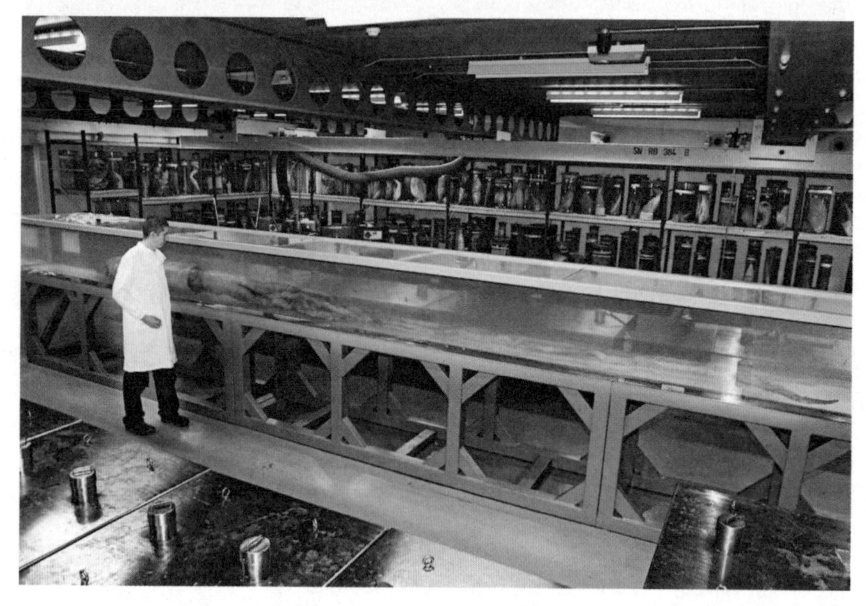

图4-62

巨型鱿鱼——阿奇，和保存它的巨大标本槽

大楼的中部是一个高大的中庭。在达尔文中心一期工程中，这里不但是游客可以随意到达的唯一空间，而且还担当着调节整个大楼室内微环境的任务。

为了营造一种现代化的展览空间氛围，除了摆在中庭北侧壁柜里那有限的一些海洋生物浸制标本外，建筑构件也都被装饰了起来。暴露出来的钢结构构件和电梯框架被粉刷成了非常艳丽的明黄色；面向中庭的墙面上张贴着巨幅的海洋动物照片；而地面上则镶嵌着一条条装饰着各种各样动物照片的灯箱。不难看出，所有这些手法都旨在将中庭装点成一处科普与童趣并重的地方。这也难怪，谁让自然历史博物馆是接待小朋友最多的博物馆呢！在微气候控制方面，中庭可以实现与南立面一样的烟囱效应，从而实现一年四季整个大楼宏观上的自然通风。这一举措不但可以在平时确保实验室内的空气质量，而且在一旦遭到火灾的时候，整个中庭可以形成独立防火分区，从而将致命的烟向上拔出建筑物，使南侧实验

图4-63

装饰现代的达尔文中心一期底层展廊，地面上镶嵌着条状动物照片灯箱

室中的工作人员可以有机会逃生。不要忘记，整栋大楼的北侧都堆满了易燃易爆的酒精瓶子，因此防火，以及在火灾情况下安全逃逸是非常重要的一项设计指标。中庭顶部采用了在20世纪90年代中期尚属罕见的三层ETFE充气膜结构天窗，可以有效地阻挡紫外线并同时保证足够的室内照明。后来英国的伊甸园工程及北京奥运会水立方都大面积地使用了这种既轻巧又结实的表面材料。达尔文中心使用的面积虽远不及后者，却可以算得上一个先驱（图4-63、图4-64）。

极佳的功能分区与多种生态技术的使用使得达尔文中心一期成为当时最为节能的建筑作品之一，且自然历史博物馆也为此成为了阿尔伯特卫城里的环保先驱。然而，即便已经拥有了诸多优点，建筑师仍然没有忘记小心翼翼地与沃特豪斯主馆相呼应。“我们所做的一切都非常的彬彬有礼”，科姆利说：“我们不打算拷贝沃特豪斯的建筑，但是却很乐意与之建立联系。”（Buxton：8）可是如果仔细品味这种“联系”，我们就会体会到建筑师运用微妙隐喻的娴熟手法。对于沃特豪斯的主馆而言，其最精彩的特点在于材料和装饰——淡黄色的彩陶将整个大厦包裹了起来，且外立面上附满了具象的动植物主题雕饰。科姆利决心就从这两个特点入手去建立起新老之间的和谐对话，但同时新建筑的材料与装饰也一定要符合20世纪末的新解读。于是，一方面，我们看到了达尔文中心一期的立面也使用了同样的淡黄色陶片来装饰自己，但是其韵律与机理反映的却是20世纪末的节奏；另一方面，我们知道在南立面上支撑玻璃幕墙的巨型蛙爪拥有通过仿生学而得出的最佳形态，很显然这也是一种源自自然与生命的“装饰”。但是必须注意到，与沃特豪斯那纯粹的具象雕塑不同，这些蛙爪是一种拥有结构性的装饰，带有装饰性的结构，充分反映了新时代的抽象艺术之美（图4-65）。

2002年9月，这座耗资2700万英镑，面积达11000m^{2}的大厦终于撤掉了围了近8年的施工帷幕，和公众们正式见面了。在其施工期间，《建筑师期刊》（The Architects' Journal）、《博物馆期刊》（Museums Journal）、《建筑设计》（Building Design）等杂志都对它进行了跟踪报道，而英国遗产保护协会和维多利亚协会对此结果则出乎意料地保持了沉默。一时间，伦敦的百姓们再次蜂拥向南肯辛顿去一睹自然历史博物馆最新的进化成果。可董事会却表现得异常冷静，因为他们知道：到现在为止，这次的进化只进行了一半。

图4-64

俯瞰达尔文中心一期中庭

图4-65

达尔文中心一期南立面——支撑玻璃幕墙的巨型蛙爪清晰可见；新楼的左右两端采用了与沃特豪斯主楼色彩质地相似的浅黄色陶砖

4.2.8 巨茧（The Darwin Centre Phase II）

事实上，在达尔文一期开馆前一年，博物馆已经开始了二期工程的国际招标。与一期那如同酒窖的标本库不同，二期是一个专门为干储标本而计划的科研中心。在将来，类似昆虫与植物等没有火灾隐患的标本都会被集中放在里面，因此虽然也要符合严格的库内环境要求，但是对于建筑师而言，在技术层面上制约还是要小得多，设计自由度相对来说也大一些。最终，来自丹麦的C F·穆勒建筑事务所（CF Møller）凭借其匪夷所思的建筑语言赢得了董事会的青睐，那就是后来震撼人心的巨构——“茧”。

二期工程位于沃特豪斯主馆的正西边。这个与一期工程同高的巨大体块面西而坐，背靠梳子齿状展廊，南接西端塔楼北立面，实际上构成了整个自然历史博物馆西立面的大部，并将达尔文中心一期与主馆着实连接了起来。在任务书中，博物馆希望二期工程能够在功能上成为集科研、收藏和展览于一身的有机结合体。而在建筑形式上，不用说，一代代秉承了那“标新立异”传统的董事们自然想要再惊世骇俗一把。人人都知道，虽然因为紧靠着维多利亚时代的经典建筑而必须承担起新旧交融与建筑保护等责任，但事实上在与英国的遗产保护部门交手了这么多年之后，博物馆也多少凭借着多个备受公众欢迎的改造项目，在对方的心目中得到了应有的尊重。准确地讲在一期工程设计时，英国遗产保护部门就没有怎么刻意刁难，因此馆内的工作人员都以为二期工程可以放手大做一次文章。可是，新方案猛一出台却有点让人大跌眼镜。作为一家颇有实力的现代建筑事务所，C F·穆勒的建筑师们似乎显得有些拘谨且想象力不够。从建筑方案的外观上咋一看来，这仅仅是一个看似简单挤进达尔文中心一期与老馆之间的大玻璃盒子。它方方正正，高30米，长70米，西立面采用大面积的玻璃幕墙，屋顶采用ETFE充气膜天窗，可这都是些在21世纪初已显得十分普通的建筑语汇。事实上，这个方案真正的秘密恰恰就藏在这个普通的玻璃盒子里面。那是一个高28米，长65米的巨型混凝土曲壳结构体。它与外围钢架完全脱开，为独立的结构，看上去就像是一个巨大无比的蚕茧，震撼力十足。藏在茧壳后面的则是8层的功能性空间，其中，下部5层为标本储藏空间，贮藏室内恒温17℃，相对湿度为45%；在3.3km的标本柜中保存着1700万件昆虫标本和300万件植物标本；上部3层为公共展廊及部分实验室，可供游人自由参观并与科学家直接交谈。另外，在玻璃缸的北段与达尔文一期交接处，设计师安排了一系列诸如讲堂、开放实验室与辅助用房等功能性房间，可以开办公共讲座，并同时为200名科学家提供优良的工作环境。而在南端，玻璃盒子直接与沃特豪斯的彩陶立面相碰撞，企图在新老两代看似生硬的对话中找到跨越时空的和谐。这下董事会可以放心了，因为他们这次不是要建造一个普通的建筑，而是要实实在在地创造一个建筑奇观（McIntyre，2008：10）（图4-66～图4-68）。

“巨茧”不但在外形上史无前例，更给整个欧洲工程建造领域提出了一个前所未有的挑战。它那看似简约的外形施工起来并不容易。由于在之前没有任何公司拥有处理规模如此之大的类似结构体的经验，C F·穆勒的建筑师们和来自其他公司的结构工程师们只好一起从零摸索。与自然历史博物馆的其他以往项目一样，巨茧从一开始就受到了媒体的“热情”关注。而正当大家为“究竟要采用何种奇特技术来实现这个复杂形状”而翘首以待时，评论员格拉汉姆·比兹利（Graham Bizley）

图4-66

仅从外观上看，达尔文中心二期就是一个普通的玻璃盒子

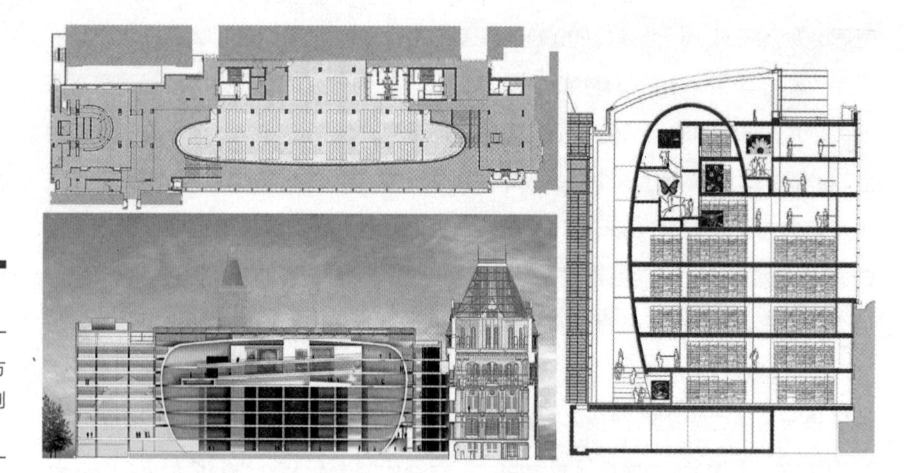

图4-67

C F · 穆勒建筑事务所的设计方案——标准层平面图，纵向剖面图，横向剖面图

在2008年冬的《混凝土季刊》（Concrete Quarterly）中给出了答案："为了实现这个弯曲的形状，现浇混凝土、钢结构和预制混凝土都被考虑过了，而最后最为经济实用的建造方法竟是喷射混凝土"。这不能不说有点出乎意料，因为这种早在20世纪初就被发明出来的工程建设手段和21世纪的高科技在概念上看似没有任何交集。然而正是这种"古老"的技术最终帮助建筑师实现了巨茧之梦。

喷射混凝土可以通过高压空气将混凝土以不同的湿度均匀喷洒在任意形状的表面上，一边压紧一边成型，从而可以不用模板。因此，它常在诸如隧道涵洞或公路护坡等复杂多变的条件下被采用。然而，对于"蚕茧"这样尺度如此之大，精度如此之高的项目，即使是经验老到的公司也要谨慎从事。最终，英国三家非常著名的工程公司得到了施工部分的合同——ARUP公司承担结构设计，Shotcrete公司承担混凝土喷射任务，而Armourcoat公司则负责"蚕茧"的后期表面处理。壳体的建造是一个缓慢的过程。第一步，两层纵向和横向的钢筋必须在现场通过电脑数控机床进行精确的弯曲并绑扎到位；第二步，一层细密的金属网被定位在主筋之后作为壳体内表面参照物并用来附着喷射混凝土；第三步，250mm厚的湿混凝土被逐层喷射到位并形成壳体的雏形；第四步，20mm厚的混凝土找平层被使用干喷手法（即水泥干粉与水雾在喷头口处分别喷出并在空中混合）均匀附着在壳体表面，并用手工精心磨平；第五步，50mm厚的泡沫塑料板被附着在壳体外表面形成保温层；第六步，再用20mm的树脂抹灰基料与3mm的抛光抹灰饰面将整个壳体打理得细腻平滑后才算大功告成（Bizley，2008：13）。

这是目前欧洲使用喷射混凝土技术建造的最大单体建筑项目，整个壳体面积达到了3500m^{2}之广。由于混凝土会产生较大的冷缩热胀现象，因此在如此之大的面积上就必须设置伸缩缝。而这一纯粹的功能性设计也被建筑师巧妙地赋予了充分的美感。完工后的壳体上，数十条纵横交错的伸缩缝就如蚕茧上的细丝，轻柔地滑过那银灰色的曲面，着实为这"孕育"着科学未来的巨茧增添了几分灵动（图4-69）。

图4-68

达尔文中心二期内部的新旧对话——一处普通走廊利用大落地窗建立起与沃特豪斯主馆的视觉联系，而在走廊内部，则一侧是雪白的当代抹灰墙面，另一侧却是19世纪的淡黄色陶砖墙面

图4-69

光滑优美的巨茧，数条蚕丝般的伸缩缝如现代艺术一般缠绕着茧身

2009年9月，与一期工程一样耗时8年之后，这座造价达到7800万英镑，面积16000m^{2}的达尔文中心二期终于向公众揭开了它神秘的面纱。至此，整个达尔文中心工程被画上了一个圆满的句号。这个没有精彩立面的建筑被媒体称为“伦敦最大的隐喻之一”（Mclntyre，2008：10）。事实上每个参观过巨茧的人都会有此同感——一种复杂而深刻的象征意义确实被建筑师用近乎完美的建筑手法融入到整座博物馆的文脉之中。

在20世纪70年代，美国的后现代主义建筑大师罗伯特·文丘里（Robert Venturi）与他的夫人，丹尼斯·斯科特·布朗（Denise Scott Brown）在寻找如何设计富有象征意义的建筑过程中曾经提出了“鸭子”（the Duck）与“装饰的棚子”（the Decorated Shed）两个概念。这其中，“鸭子”是灵感的源头。“鸭子”原是一栋位于纽约长岛，建于1931年的鸭子形状小屋。在偶然被文丘里和布朗发现后，这个当地鸭场的小卖部给予了他们很多设计灵感。后来，文丘里将其归纳成抽象理论，称“当空间、结构与建造计划（功能）等建筑系统均被一种统治性的象征意义形式所浸没，所扭曲时，这种雕塑般的建筑我们称之为鸭子”。而与之相对应的是“装饰的棚子”，文丘里把“当空间与结构等建筑系统均直接服务于建造计划（功能），并且装饰被作为独立系统运用在建筑上时，我们称之为装饰的棚子”（Venturi，1972：87）。换成更容易理解的话讲，“鸭子”就是一种只强调其外观的明显象征意义且实用性要为之服务或让步的建筑，而“装饰的棚子”就是一种强调实用性且把装饰仅作为纯粹附加品的建筑。在这两位建筑师的漫长职业生涯中，这两个看似简单的术语被当做了创作象征主义建筑的准则。他们的许多经典后现代主义建筑作品，如基于“装饰的棚子”设计的费城栗子山妈妈住宅（Vanna Venturi House, Chestnut Hill, Philadelphia），和基于“鸭子”设计的奥柏林学院纪念艾伦艺术博物馆（Addition to Allen Memorial Art Museum, Oberlin College）中那米老鼠状的爱奥尼柱头等，都准确地传达了文丘里与布朗的这个理念。

尽管文丘里与布朗有关鸭子和棚子的理论对现代建筑发展影响深刻，但是如果想简单地通过把巨茧归类于“鸭子”或“装饰的棚子”来说明其隐喻的本质，就显得有些唐突与武断了。这是因为巨茧本身的象征意义具有十分有趣的综合性与复杂性。如果单看巨茧本身，这显然是一座强调其形式意义的建筑。它一方面，就像一枚真的蚕茧，通过为数千万标本和百余科学家提供合适的空间，暗喻着隐藏在如丝绸般润白的茧壳下的生命奇迹，且明喻着当今生物科学的最新发展。而另一方面，从位置上看，它在外部把自己从昆士盖特街远远地后撤在了绿树丛荫的掩护之后，使路人难以发现，而在内部则将自己高大洁白的身躯掩藏在了又矮又暗的主馆西走廊尽端，如同一枚掩藏在自然界的角落里不易发现的丝茧，带给每一个执著地穿过西走廊末端那低矮拱门的参观者豁然开朗的解脱，如获至宝的惊喜和别有洞天的愉悦。不用说，从这些特征来看，巨茧无疑是一个典型的“鸭子”。可如果单看罩在外面的玻璃大厅，建筑的实用性就显得比较明显了。巨大的玻璃幕墙与ETFE顶棚可以通过控制一定量的太阳热能进入而提供稳定的室内环境，这对于茧壳内那些对温湿度要求苛刻的标本收藏室而言非常必要——换句话说，这就是一个典型的“棚子”。可是，如果将巨茧和将它严严实实罩住的玻璃盒子一起考量，我们就会发现更加复杂的隐喻现象。当一只“鸭子”藏在了透明的“棚子”里面，棚子就会变得更加具有象征意义。一方面，作为一种已经不怎么时髦的建筑形式，这个玻璃“棚子”在外观上自然不会吸引人们的注意，从而在一定程度上作为一种前景而进一步减弱了巨茧与外部街道的视觉联系，使之更加不被注意。另一方面，由于玻璃“棚子”的尺度刚刚好能把巨茧罩住，因此参观者的活动范围就被压缩到了距离巨茧非常近的一条窄而高的空间里。在这里，人们只能仰视巨茧，并且局促的视角使其无论从哪个角度都无法被普通照相机拍下全景。这种内部空间安排使得巨茧的尺度更加夸张，其视觉震撼力更强，威压感也更重。且同时由于巨茧的遮挡，玻璃“棚子”也变得无法被全部看到，从而变成了一种断断续续、若隐若现的背景，进一步强化了这个神奇之茧被悉心保护起来的气氛。于是，综合以上讨论，不难发现我们此时又有了一类新的象征意义建筑——鸭子藏在棚子里面。

尽管巨茧所包含的隐喻从建筑专业的角度来看十分重要，但是公众还是愿意更多地留意茧中的展览。整个达尔文中心的展览哲学是将参观者与丰富的标本和科学工作紧密联系起来。这个总共27000m^{2}的巨大建筑虽然绝大部分是实验室与储藏室，但是秉承了欧文开放理念的自然历史博物馆依然允许公众进行有序参观。我们知道，在一期工程里，讲解员每天会带着14个8～10人的小组深入到实验室与标本库进行参观，从而使人们能够亲眼看到许多不曾摆上展台的珍稀标本。而在二期工程里，最上面三层是展廊。人们可以乘电梯直达8楼，然后沿着“蚕茧”的内部环状坡道逐层下降参观，一路上不但可以参与许多先进的互动式展台，而且可以在特定的地方看到科学家们实际工作的场景。这一切，都拉近了普通百姓与貌似神秘的科学工作之间的距离，也一定激发了许多少年儿童对自己未来的憧憬。这一切都看上去如此完美，可是挑剔的博物馆专家们对于达尔文中心二期独特的展览方式却另有看法（图4-70、图4-71）。

评论家瑞秋·苏哈米（Rachel Souhami）对巨茧内不成比例的多媒体展示和真实标本展示颇有微词：“作为一个坐落在2000万件标本之上的面向公众的展馆，‘蚕茧’看上去十分精彩，但在展览上仅仅摆出了少得可怜的标本，且过多地依靠各种电子设备。”这不免令人失望（2009：47）。这样的批评实际上十分在理。巨茧内部的展览空间很大且非常灵活多变，不仅茧壳内表面提供了大片的展示空间，而且局部的两层通高空间可用来放置非常精彩的超尺度展柜。这对于主题为昆虫和植物等小型标本的展览而言，是展示生物多样性与博物馆海量收藏的绝佳机会。但是，目前在这里所能看到的却是非常有限的三种展览：真实标本展仅集中在两三处展柜中，虽然设计得很花哨，但是里面的标本数量屈指可数。电脑互动多媒体展示台均设置在展廊尽端，虽然人们可以用一种红外电子卡片将自己喜欢的内容从展台上下载下来回家慢慢欣赏，但是总有一种跑到博物馆上网的感觉，而在网络早已普及的今天，人们又何必专程跑到南肯辛顿上网冲浪呢？最后一种展览是利用那大面积的茧壳内表面作投影展示。实话说，那些飘零的花瓣与浮动的放大版花粉极富诗意，美不胜收，可这里是自然历史博物馆而不

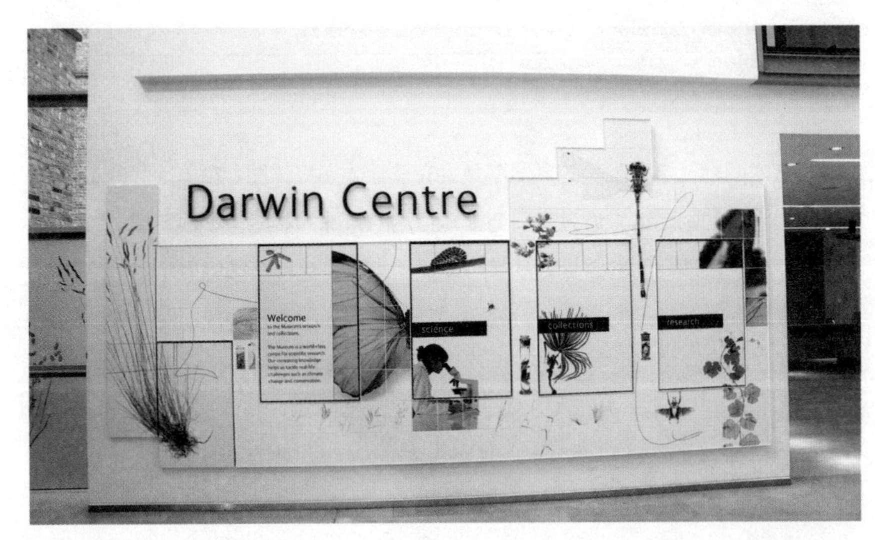

图4-70

达尔文中心主入口

图4-71

多媒体展示墙

图4-72

巨茧内部的展廊显得很空，左侧的混凝土墙面上投射着以自然四季为主题的影像

图4-73

巨茧内北侧开有面对实验室的窗口，可以看到科学家们的工作场景

是现代艺术画廊，这种唯美的展览不免会有些让人扫兴（图4-72）。此外，博物馆里的科学家们则对这种通过窗口与公众互动的特殊“展览”不很习惯，并抱怨说他们变成了玻璃窗后的展品。从某种意义上来讲，这种新颖的展示的确需要时间来适应。在很多特殊的景点，游客对“禁止拍照”的牌子早已司空见惯，而在这里，除了“禁止拍照”外人们还会看到另一块显眼的牌子——“不要敲击玻璃窗”（Souhami：47）（图4-73、图4-74）。

尽管尚有一些不尽如人意之处，尽管有不少人抱怨，但从整体来讲达尔文中心二期毕竟成功了。它不但吸引了大批好奇者前来对自然历史学家的工作状态一探究竟，更是吸引了无数人前来观赏这一建筑奇观。作为目前自然历史博物馆最新的进化成果，它以匪夷所思的外观与玄奥莫测的隐喻，忠实传承了博物馆百余年来不懈追求最新建筑文化的传统，更传承了自然历史博物馆开创者们关于空间使用安排的心愿。回想1871年，当博物馆的方案最终得以通过的时候，年迈的欧文已不得不放弃在馆内向公众开办讲座的初衷；而1881年，当博物馆正式开馆的时候，虽然宽窄相间的梳子齿状展廊业已就位，但赫胥黎却从未有机会看到自己关于公共展廊与工作廊交替布置的构想付诸使用。如今，达尔文中心的成功运营恰恰实现了他们的想法，了却了这两位为博物馆殚精竭虑的先驱的百年夙愿（图4-75）。

图4-74

“科学家们在工作，请不要使用闪光灯！”

图4-75

从克伦威尔路口可以同时看到三栋建筑珠联璧合——最左端为达尔文中心一期，中间为达尔文中心二期，右侧为沃特豪斯主馆

达尔文中心二期：两极分化的参观体验

——史蒂芬·格林伯格

翻译：王琦

再过100年，我们就可以知道建造这么一个巨茧——达尔文中心二期背后的创作概念——到底会是一个插科打诨的笑话，还是会像沃特豪斯最初设计的博物馆那样逐步积淀起丰富的多重意义。在当前，可以说有的时候设计建造博物馆建筑已经等同于创造象征性符号。这些大楼最后都会有自己的绰号，而建筑师的草图则最终变成了馆标，但是这些“容器”却常常很难与它们所容纳的内容建立起联系。巨茧的长存不朽将会暗示，当作为一种标志时，建筑物将会在此功能上变得多么有效；且当富含隐喻时，建筑物是否能够蕴涵故事。

在巨茧的内部，空间环境就像是要为储存和展示什么非常珍稀娇贵的展品那样幽暗。参观者可以体验的部分被限制在了最顶部几层，因此事实上，这就像一个绝大部分（在这里是指储藏空间）都隐没在水面下的冰山。进入它的展廊空间会让人觉得就像是步入了一个混凝土制成的潜水艇。这种低照度自然可以提供氛围，但是，与那沿着长轴方向往复回转的坡道配合在一起，就会造成一种令人畏惧的方向迷失感。尽管是一路下坡，这些坡道还是在这个业已巨大无比的博物馆内进一步夸大了所需的步行距离。

其实，这个问题主要在于当代建筑都愿意拥抱高反光材料与天然采光这一趋势上，就好似通透感、充满阳光的空间和白色表面就可以体现真理一般。可趋循这种理念的后果则往往是令人吃惊的，常常会达到几千勒克斯的光照强度。位于巨茧周围的室内空间照度甚至能够超过大英博物馆的中庭。在一个晴朗的日子，大英博物馆中庭的照度可高达2500lx，以至于馆内工作人员都戴上了墨镜。可是参观者却要面对从如此明亮的区域一下子转换到只有50lx照度的周边展廊中，这使得他们的眼睛要用8分钟才能适应。巨茧也提供了类似的，令人震惊的巨大反差。这种明亮炫目的外部环境仅仅表述了建筑本身却拒绝了展览。从这一角度来看，巨茧就像是一艘停靠在一个漂亮机库中的宇宙飞船。

但是，一旦进入位于其顶部的公共空间，内部的展品陈设却通过对一系列展台装置，陈列演示与大量的特技手段的组合使用而令人感到既易于感知又十分专业。展柜被恰如其分地布置在展廊之中，尽管有些展品的文字解说过于繁冗。参观者们将会在坡道的每一转弯处看到解释生态灾难的展台，并在途中遇到一位来自西印度群岛的拉斯特法里教徒[①]用一种几乎是宽恕的口吻讲述汉斯·斯隆是如何通过奴隶制种植园的资助来建立起自己的收藏——这一启蒙运动的阴暗面最终在此得以公诸于众。

每一个参观者都会得到一张NaturePlus条形码卡片，他们可以把看到的任何东西都下载在卡片上带回家。数码屏幕使得博物馆管理者可以在真正陪同大家开始馆内旅程之前就与参观者们在网络上见面并致以问候，而科学家们则时不时地出现在展廊中段与年轻人和老年人交流。无疑，在鼓励所有年龄段的参观者参与互动方面，巨茧的成功具有突破性意义。终于我们可以说 —— 欢迎来到21世纪的博物馆！

但是问题依然存在：这问题并不在于巨茧中的展览内容本身，而是与它们所处的位置——巨茧的顶部相关。要知道，获取公共基金资助的前提条件之一是公众可达性的高低。因此，如果将与参观者研究相关的投资投入到对整个现有博物馆建筑的改造，可能会是一个更有远见的选择，从而可以使整体参观游览体验粘合为一个整体，而不是在这个业已庞大无比的博物馆建筑群中再另外扩建出来一块。而这样，我们就有可能在一个百科全书式的博物馆和我们已有的知识之间建构起灵活有机的联系。可是恰恰与之相反，巨茧创造出了一个黑暗的内敛式空间——它面向的是19世纪与20世纪，它封闭而非开放，它采用了天然采光却非常昏暗。除此之外，参观者们还不得不一脸茫然地走很长的距离。

此外，极具讽刺意义的是巨茧在展览讲述方面的成功竟是依靠那些可以在任何一家数码电器店内买到的硬件设备。近几年来，当很多博物馆都深陷资金匮乏漩涡之中，囊中羞涩而无法大兴土木之时，这些投资小、见效快的设备装置就显得意味深远且预示着什么了。通过使用NaturePlus条形码卡片、智能手机或平板电脑，我们有可能用巨茧中的展览讲述概念将整个博物馆的展览串联起来，使那百科全书式的动物骨架和剥制填充标本展览，与储藏在巨茧中的整体保存标本，与人类学，以及与最杰出的反映大自然的电影与摄影相互联系。这样一来在博物馆里，我们不但可以通过观看相关纪录片来了解蓝鲸，也可以通过参观其胚胎的整体保存标本来加深认识，还可以通过对第一民族[②]的猎鲸传统的回顾，通过各种神话寓言，以及通过温习在爱迪生之前就点亮了整个世界的19世纪鲸油工业，而进一步获取信息。

可自相矛盾的是，达尔文中心一期却选择了一种十分简单且循序渐进的方

① 译者注：拉斯特法里教（Rastafarianism）是20世纪30年代起自牙买加兴起的一个黑人基督教宗教运动。

② 译者注：第一民族是对数个加拿大境内的原住民族及其子孙的通称，与北美印第安人同义。加拿大北部的原住民部落保持着运用原始手段猎鲸的习俗。他们按需索取，绝不滥捕，从而可以与自然和谐共处，也不会威胁到鲸类的种群数量。

式从原有博物馆过渡过来。在这里，经典的，往往体现为图书馆或档案馆之样式的19世纪外露式储藏空间模式不但被重新使用，而且使建筑物拥有了更高的可达性。更重要的是，与公众和参观者相关的功能都被安排在了底层。与之相比，晚期现代主义与之背道而驰，将这些功能都丢在那鹤立鸡群的巨茧顶部，这种做法是多么的典型啊！这就好比巨茧被分裂为两极，它的外壳拥有一个外在的个性，而其内含则好似是暗藏在内的另一个灵魂。

内在展品的魅力在可能是世界上最伟大的博物馆之一——巴黎自然历史博物馆中得到了充分的体现。当参观者进入博物馆，立刻就会觉得自己仿佛步入了诺亚方舟一般。它充满诗意，富有感情，且使人们与物种灭绝的事实迎面相对：从《创世纪》到《哈米吉多顿》[①]，这里集中体现了上帝眼中的自然观。于是，无须过多解释说明，您便可启程进入博物馆之旅。

相比之下，来到伦敦自然历史博物馆的游客们就得不到这种引导性的开场白了。一条梁龙孤零零地站在中庭里迎接着八方来客，它有足够的视觉冲击力却无法阐明自己背后的博物馆能够提供些什么。在这个非凡的，且向四面伸展开去的博物馆里，当您被怂恿着去选择进入其中一个“区”之前，并没有什么展览“综述”去为您构建起总体体验的框架。然后，我们看到了巨茧，不仅将自己与原有博物馆之间的联系生生割裂，而且还为那人人必须面对的“自选式游览路线菜单”[②]中多添加了一种选择，就好似他们身处一座百货大楼中一般。

法国的那座博物馆中所蕴涵的是伯特兰·罗素区分出的“大陆哲学”——即理论不能与其历史起源的机理和文脉相脱离。它在多层次的“综述”中构建起经验。与之相反，罗素将不列颠的“分析哲学”描述为实践性的，总是力图将哲学问题剖析分离为数个子问题，从而使之可以在脱离其历史根源的情况下加以分析，这就像一所经典的百科全书式博物馆所能为展品提供的氛围一样。[③]达尔文中心二期就是体现出这种分离性的一个产物。这的确自相矛盾，巨茧中的展陈讲述设计拥有在整个博物馆加以推广的潜力。它可以（如大陆哲学所倡导之精神——译者添注）适应并横跨不同的博物馆设计时代，从“前达尔文主义”到“后达尔文主义”，从“百科全书式”与“经典式”的博物馆时代到“桌面网连天下事”的数字时代。可是它没有这么做，巨茧的外部就像是“不列颠式哲学”的结果，而内部则是“大陆哲学”的精神。

可是，这很重要吗？是的！如果我们承认并重视“博物馆拥有意识，能够表达思想”的理念，这就的确重要。自然历史博物馆本身就建立在“前达尔文主义”与“后达尔文主义”激烈交锋的历史时期。假如博物馆真的拥有意识，拥有一种思想结构，那么作为参观者，我们就应该可以阅读它并且可以读懂从一个历史时代到另一个历史时代的转换。可是假如一栋展览建筑物内的内容处在完全分离割裂的状态，那么当我们阅读这种信息的时候就会有相应的“危险”存在。

---

① 译者注：哈米吉多顿是基督教《圣经》所述的世界末日之时善恶对决的最终战场，也被引申称呼为“哈米吉多顿大战”，并可暗喻“伤亡惨重的战役”、“毁灭世界的大灾难”、“世界末日”等含意。

② 译者注：伦敦自然历史博物馆内没有固定的流线设计。参观者进入位于中心的大厅后必须选择向左转还是向右转，从而进入位于两边的梳子齿状平行展廊。因此，文章作者称之为“自选式游览线路菜单”。

③ 译者注：由于欧洲大多数大型博物馆内的藏品多收集自世界各国，因此许多展品都是脱离了其原有社会机理与当地文脉而被孤立地搬来展示在异国他乡的展廊中。这其中，基于英国社会17世纪以来所风靡的猎奇收藏风气而建立起来的大英博物馆是最为著名也是最为典型的一个例子。由于其收藏的极端多样性，以及其馆内藏品多只能提供短、平、快的信息且与其背景文脉所分离，文章作者故称之为百科全书式的博物馆。

达尔文中心的两期工程已经花费了成千上百万英镑的巨款。这从科学价值的角度来看具有十分深远的重要意义，因为它为许多珍贵的标本提供了长期可靠的储存条件，但是对于自然历史博物馆的参观者而言，看上去它却将一个内涵丰富的故事仅仅留在了位于博物馆最远端的一处扩建工程的最顶部。简单来讲，“可被公众享用”是获得国家遗产乐透彩票基金资助的一个前提条件。从这个角度来看，建筑物的确可以被看做是这一资助政策的切实代表。[①]假如公众可享性并非获取公共基金资助的条件，那我们将会从其他不同的角度来讨论巨茧。我们可以说这是一个杰出而美妙的结果，既满足了长期储存空间短缺所带来的挑战，又充满想象力，极富象征意义。另外，假如它是一个将满足观众体验作为功能之一的独立机构，我们仍然可以给予它同样的评价。甚至假如它是一个临时展览空间，我们都会对它欣然接受。事实上，只是因为在这里，观众体验与一个巨大的、富有历史的博物馆建筑联系在了一起，我们才不得不对巨茧提出质疑。

不管怎样，达尔文已经证明了智人是那精妙复杂的因果关系大系统中的一部分，[②]一棵历经数十亿年而“成长起来”的大树的一条枝干上的小小枝桠。[③]然而，当人们步入自然历史博物馆时，没有人能够感受到那个枝桠，那条枝干，甚至那棵树的存在。“我是谁？”这个问题既没有被提出，也没有被解答。在巴黎，“机理和文脉”从圣经创世与世界末日的不同角度均被加以诠释。而在伦敦，当您进入沃特豪斯那令人兴奋的大厅以期去探求达尔文主义的精髓时，将不得不先走上一英里的距离去找到那个巨茧。

① 译者注：在英国，多数涉及公共领域的社会项目都由乐透彩票基金提供资金支持，但能够赢得该基金的前提条件就是该项目的成果必须可被广大群众所共享。因此，与很多仅产生临时性成果或非物质性成果的项目相比(如组织节日集会，提升教育水平，防止破坏社区公共财物等)，建设人人可以进入并享用的永久性公共建筑物的确具有得天独厚的竞争优势。

② 译者注：在这里因果关系指的是达尔文在《物种起源》中提出的“物竞天择，适者生存”的自然选择学说。

③ 译者注：在这里“树”被用作隐喻来暗指生命进化之树。

史蒂芬·格林伯格先生是伦敦Metaphor建筑设计事务所首席建筑师，著名展览设计师，以及博物馆批评家、理论家。Metaphor是一家以博物馆展览设计见长的事务所，业务遍布欧亚非多个国家。史蒂芬·格林伯格的设计作品包括牛津Ashmolean博物馆整体展览设计、大英博物馆圆形图书馆规划、2008兵马俑特展设计、米开朗琪罗手稿特展设计、开罗大埃及博物馆（Grand Egyptian Museum）总体规划与整体展览设计，以及伦敦维多利亚与阿尔伯特博物馆总体规划，等等。

Darwin Centre, Phase Two: a bipolar visitor experience

— Stephen Greenberg

In a hundred years we will know whether the idea of the Cocoon, the concept behind the second phase of the Darwin Centre, is a "one liner" or grows to acquire multiple meanings in the same manner as Waterhouse's original Museum. For some time now, the architecture of museums has been the business of creating icons. They acquire nicknames and the architect's sketch ends up on the logo, but these containers often have difficulty relating to the content inside them. The longevity of the Cocoon will indicate how effective buildings are when conceived of as logos; whether buildings as metaphor can carry a story.

Inside, the Cocoon is as dark as is required for storing and displaying fugitive collections. The visitor experience is confined to the top levels, so really it is like an iceberg with the bulk of it （in this case the stores） below the waterline. Within the gallery spaces it feels like being inside a concrete submarine. These lower light levels provide atmosphere, but, coupled with ramps running the length of the space, create a daunting sense of disorientation. Although downward sloping, these ramps exaggerate the amount of walking required in a museum that is already huge in scale.

A major difficulty lies in the inclination of contemporary architecture to embrace highly reflective materials and daylight as if transparency, light-flooded spaces and white surfaces embody a universal truth. This leads to startling light levels, often reaching thousands of lux. The area surrounding the Cocoon may even exceed the brightness of the Great Court at the British Museum. On a bright day, light levels in the Court can soar as high as 2,500 lux and staff often wear sunglasses. The visitor is expected to make the transition from this glaring space into 50 lux exhibitions, where it takes the eye up to eight minutes to adjust. The Cocoon offers a similarly jolting contrast. The dazzling outer area presents the architecture for itself and without displays. The Cocoon is like a spacecraft that has docked in a beautiful glass hangar.

However, once inside the public areas at the top, the content is sensitively and expertly displayed, incorporating a blend of furniture installations, displays and plenty of technology. Display cases are beautifully laid out, although sometimes the objects are accompanied by too much text. The visitor is confronted by the ecological apocalypse at every turn, and meets a Rastafarian in the West Indies who talks rather forgivingly about how Hans Sloane's collections were financed by plantations — the dark side of the Enlightenment for once brought into the light.

The visitor is given a NaturePlus bar-coded card, and everything they see can be downloaded when they get home. Digital screens allow curators to meet and greet visitors before escorting them on their journey, whilst scientists appear along the way to connect with youngsters and third agers alike. Its success in engaging all ages is certainly a breakthrough. Welcome at last to the 21st century museum!

But there is a problem:not with the Cocoon's content design itself but with where it is situated, at the top of the Cocoon. A condition of public funding is public access. It would have been more visionary to see the investment in these visitor study areas all over the existing Museum, gluing the whole experience together rather than adding another extension to an already massive museum complex. This would mean we could make connections between an encyclopaedic museum and what we know now. Instead the Cocoon creates an introspective dark space that turns its back on 19th and 20th centuries, is closed not open, day lit but dark. In addition to this, visitors look half dazed having to walk so far.

The irony is that the interpretive successes of the Cocoon are achieved with hardware that can be bought in any digital electronics store. In the funding poverty trap that many museums must face in the years to come, with no more lavish budgets for buildings, these installations are seminal and prophetic. Using the NaturePlus barcodes and with mobile phones and tablets it would be possible to thread the interpretive concepts of the Cocoon across the entire Museum, to make connections between the encyclopaedic displays of skeletons and taxidermy with the organic specimens in the Cocoon, with ethnography and with the best natural world film and photography. The blue whale could be seen with film, with foetal specimens, with first nation hunting and fable and the 19th century whale oil industry that lit the world before Edison.

The paradox is that the Darwin Centre's Phase One makes a much easier and gradual transition from the original Museum. It reworks the classic 19th century visible storage format of a library or archival store and makes it more accessible. More importantly it places the public and visitor-focused functions at ground level. How typical of late modernism to do the opposite and to put these functions at the top of the stand-alone Cocoon. It is as if the Cocoon is bipolar, as if the container is one person on the outside and the content is another person inside.

The power of content is well demonstrated by the Natural History Museum in Paris, which is probably one of the greatest museums in the world. The visitor enters the Museum and immediately steps into the Ark. It is poetic, emotional, and confronts extinction head on: Genesis to Armageddon, a God's eye view of nature. No words are needed before you embark on your journey.

In contrast, the visitor to the Natural History Museum in London gains no such introductory vision. One lonely Diplodocus greets visitors in the Waterhouse Hall, providing a visual impact but little illumination on what the Museum has to offer. There is no meta-narrative to frame the experience before you are prompted to settle upon a "zone" within this phenomenal and expansive Museum. And then there is the Cocoon, split in its relationship with the main Museum, and providing yet another option on the a-la-carte way-finding menu that confronts visitors as if they were in a department store.

The French Museum is imbued with what Bertrand Russell distinguished as "Continental Philosophy"; an argument that cannot be divorced from the textual and contextual conditions of its historical emergence. It frames the experience within a multi-layered meta-narrative. In contrast, Russell describes British "Analytical Philosophy" as pragmatic, with a tendency to treat philosophy in terms of discrete problems, capable of being analysed apart from their historical origins just like a classic encyclopaedic museum. The Darwin Centre's Phase Two is presented like a discrete solution. This is a paradox. The interpretive exhibition design within the Cocoon has the potential to be applicable across the museum, across different epochs of museum making, from the pre-Darwinian to the post Darwinian, from the encyclopaedic and typological to the connectivity of the desktop. It is as if the outside is a "British" solution and the inside is "Continental".

Does this matter? Well it does if the idea that a museum has a mind, that it represents a way of thinking, is important. The Natural History Museum itself was on the cusp between pre and post-Darwinian idea. If the Museum does have a mind, a mental construct, then as visitors we should be able to read it and to read the transitions between one epoch and another. Instead there is a danger that we read the building and its content in completely disconnected ways.

Millions have been spent on this two-stage Darwin project, which is profoundly significant for science because it has saved important specimens for the long-term, but seems to offer the National History Museum visitor the big story at the pinnacle of the furthest extension. This may simply be that public access was a requisite of funding from the Heritage Lottery Fund. In which case the building can also be seem as a built representation of the funding policy. If public access were not a funding requirement we would be discussing the Cocoon in a different way. We would say that it is a brilliant solution to the challenge of long-term storage, imaginative and highly symbolic. And if it were a stand-alone facility with a visitor experience included we would say the same. Even if it were a temporary exhibition space we would accept it more readily. It is only because it is a visitor experience attached to a large historic museum that we pose the question.

However, Darwin demonstrated that homo sapiens are a part of an elaborate system of cause-and-effect, a twig on a branch on a tree, created over 100 million years. There is no sense of that twig, that branch, or that tree when visitor step into the Natural History Museum. “Who am I?” is not a question that is posed, nor is it answered. Whereas in Paris, the “textual and contextual conditions”, biblical to apocalyptic are all present. To grasp the concept of Darwinism on entering Waterhouse’s exhilarating space, you would have to walk a mile to the Cocoon.

5 进化不息

伦敦自然历史博物馆里的科学家相信生命形态可以进化，而自然历史博物馆的管理者们则相信建筑也可以进化。在自然历史博物馆的中庭内，欧文、达尔文与赫胥黎三人的雕像已经屹立了百余年。他们生前为自然科学以及博物馆贡献毕生，身后也将永远注视着这座生命的殿堂，关心着它的一点一滴变化。

160年前，当欧文为那些拥挤在大英博物馆内一隅的标本争求更大的空间时，不相信进化论的他并不知道自己竟在不知不觉间开启了一段辉煌的建筑进化史。160年后，当今天的博物馆馆长站在沃特豪斯的大台阶上俯瞰着中庭中那来往穿梭于新老展馆之间的人群，谁又能知道他在为博物馆的下一步进化构想着什么？

回首往昔，1881年，伦敦的自然历史学家们第一次拥有了一座“镀”满彩陶的维多利亚式建筑，一座真正意义上的一流自然历史博物馆；1932年，钢筋混凝土预制拱架承托起了巨大的蓝鲸模型；1937年，位于特灵的美丽乡村宅邸变成了博物馆的一片世外桃源；1970年，东翼地质楼向世人展示了典雅派现代建筑的婉约纯净；1977年，充满了神奇声光效果的人体世界告诉人们看展览还可以动手参与；1990年，在“水”与“火”之间我们体会到了梦幻的生态圈；1992年，精巧的钢桥使人们懂得原来建筑也可以如此纤细，恐龙还可以“飘浮”在空中；1996年，辛苦旋转的大球则沮丧地声明，我们的工程技术尚还远不完善；2002年，南肯辛顿见证了生态建筑的理想；而2009年，巨大的“蚕茧”则向世界诠释了一种全新的建筑语言。一次次，博物馆在变大，展馆在更新，而通过这漫长的进化我们却可以看到一种深深渗入到英国社会中的建筑价值观（图5-1）：

十分明显，最首要的是各级部门对待建筑遗产的严肃态度。我们看到，每次当博物馆打算更新时，必定要接受文化遗产保护组织、地方政府、规划审批部门以及公众的监督，任何一方有不同意见都会使工程举步维艰。多年来虽然博物馆增扩不少，但是沃特豪斯的建筑还是在最大程度上得以保全。这不能不说是一项伟大的成就。

其次，是博物馆管理者进化不息的建筑审美观。虽然他们坐拥着一座独一无二的伟大建筑，但并没有把它看做阻碍自己发展的桎梏。我们已经不止一次注意

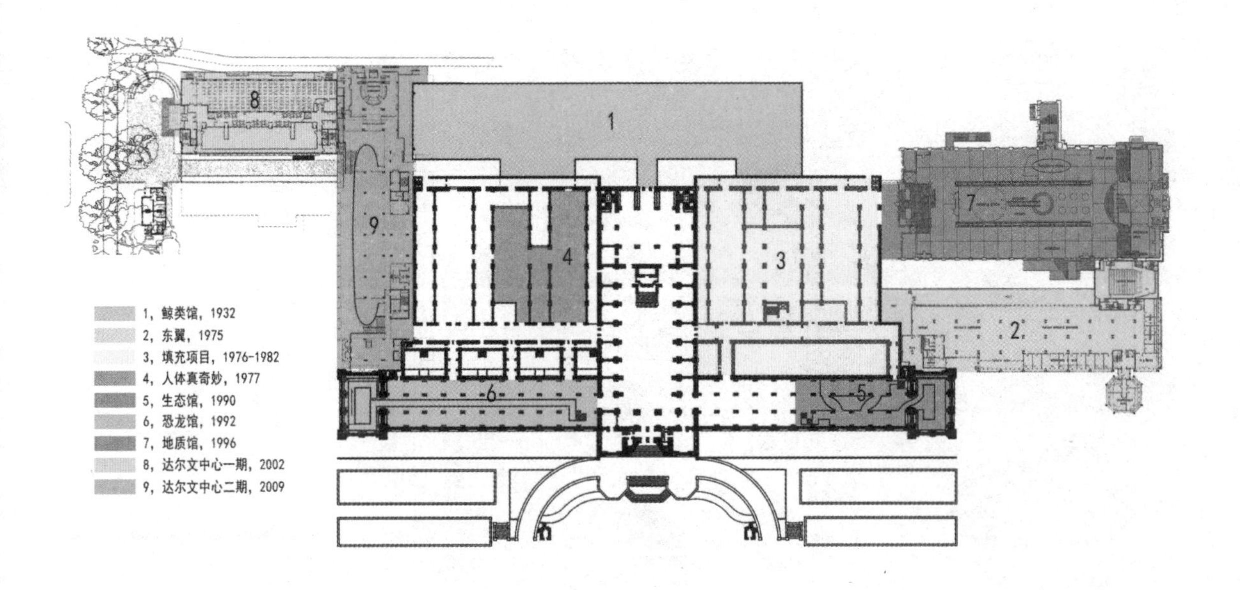

图5-1

自然历史博物馆建筑进化阶段图

到，在历史上，博物馆的每次更新改造都采用了当时最先进的建筑技术，最时髦的建筑语言。而这一传统——这种时代意识，则使每一个来到南肯辛顿的游客在学习生物进化的同时也可以领略到跨越19、20、21三个世纪的建筑发展。

第三，是媒体对建筑的重视。自1881年博物馆开馆以来，伦敦的建筑评论界就从来没有把目光从这座“生命的殿堂”上挪开。一个多世纪以来，每当有新的展馆招标或新的展廊竣工，各种或批评、或赞扬、或分析、或讨论的文章便会大量刊登于大小报刊、杂志之上。这种氛围一方面使大批读者对建筑学更加了解，提高了社会建筑修养，另一方面也为这些新建筑作了宣传。

最后，也同时是与普通大众关系最为密切的一方面，是整个社会对建筑的热爱。英国人爱建筑，他们不但对上岁数的房屋情有独钟，尽心呵护，更对新的建筑形式充满好奇，乐于实践。这种看上去似乎有点矛盾的特点体现了一种微妙的和谐，也恰恰为自然历史博物馆多年来的发展提供了最好的注脚。一个宽容与保守并存的社会可以去劣存精，淘汰鲁莽激进的念头却同时实现优秀独特的构想。于是我们看到，历史上一次次的创新设计使得博物馆新旧建筑之间上演着永不休止的矛盾与和谐之争，既丰富着人们在茶余饭后的谈资，也考验着大众的社会责任感。而最终，这座为展示自然奥妙而建的建筑同时也成了展示建筑艺术的舞台。

最近，来到博物馆参观的游客们会发现屹立在中庭的梁龙“德皮”被五颜六色的彩灯渲染成了彩色恐龙，而且在它的肚子下面，一台大液晶屏幕向大家不停地展示着一系列设计效果图与许许多多人们的笑脸。画面中每一个人都手拿一张图画，上面画着各式各样的“德皮”和“I Love Dippy”的字样。这就是为期一年的“我爱德皮”（I Love Dippy!）募捐计划，也是博物馆所孕育着的最新进化。从2011年10月初到2012年9月底，馆方希望能从社会各界得到850万英镑来彻底改

图5-2

自然圣堂

造位于中庭一层凹龛内的“索引博物馆”以及楼上两侧的跑马回廊。毫无疑问，这又将是非常值得期待的一次建筑创新（图5-2）。

进化，进化不息。自然历史博物馆内所展示的多彩生命始终遵循着自然法则而进化，从未停止；而从水晶宫的古生物雕塑展到达尔文中心内的巨茧，再到未来的中庭改造，自然博物馆本身也始终遵循着建筑与社会的法则在进化，且必将继续遵守下去（图5-3）。

图5-3

“我爱德皮”募捐计划

参考文献

博物馆主馆

书籍

A Guide to the Elephants (Recent and Fossil) Exhibited in the Department of Geology and Palaeontology in the British Museum (Natural History) [M]. London: Printed by Order of the Trustees of the British Museum, 1908.

A Wonderland of Natural History – A Souvenir Guide, Oxford University Museum of Natural History [M]. Oxford University Museum of Natural History, 2011.

Barrett, Paul.; Parry, Polly.; Chapman, Sandra. Dippy – the Tale of a Museum Icon [M]. London: Natural History Museum, 2010.

Brooks, Chris. ed. The Albert Memorial – the Prince Consort National Memorial: its History, Contexts, and Conservation [M]. New Haven and London: Yale University Press, 2000.

Chabat, Pierre. ed. Victorian Brick and Terra-cotta Architecture in Full Colour [M]. New York: Dover Publications Inc. 1989.

Cruickshank, Dan. ed. Sir Banister Fletcher's a History of Architecture. 20th ed. [M]. Oxford: Architectural press, 2000.

Curl, James Stevens. Victorian Architecture – Diversity & Invention [M]. Reading: Spire Books Ltd. 2007.

Desmond, Adrian. Archetypes and Ancestors – Palaeontology in Victorian London 1850 – 1875 [M]. Chicago: The University of Chicago Press, 1982.

Edgar, Blake. ed. Dinosaur Digs – Discovery Travel Adventures [M]. Singapore Branch: Discovery Communication Inc. and Apa Publications, 1999.

Fortey, Richard. Dry Store Room No.1 - The Secret Life of the Natural History Museum [M]. Harper Press, 2008.

Fortey, Richard. Fossils - The Key to the Past [M]. London: Natural History Museum, 2009.

Geer, Walter. Terra Cotta in Architecture [M]. New York: Gazlay Bros, 1891.

Girouard, Mark. Alfred Waterhouse and the Natural History Museum [M]. 2nd ed. London: Natural History Museum, 2005.

Guide to the Exhibition Galleries of Geology and Palaeontology – British Museum (Natural History) [M]. 2nd ed. London: Printed by Order of the Trustees of the British Museum, 1936.

Hughes, Philip. Exhibition Design [M]. London: Laurence King Publishing Ltd. 2010.

Jarvis, Chris. Acland's Amazing Edifice [M]. Oxford University Museum of Natural History. 2010.

Knapp, Sandra. and Press, Bob. The Gilded Canopy – Botanical Ceiling Panels of the Natural History Museum [M].

London: Natural History Museum. 2005.

Macdonald, Sharon. ed. A Companion to Museum Studies [M]. West Sussex: Wiley – BlackWell, 2011.

MacGregor, Arthur. Curiosity and Enlightenment – Collectors and Collections from the Sixteenth to the Nineteenth Century [M]. New Haven and London: Yale University Press, 2007.

Preston, Douglas J. Dinosaurs in the Attic – An Excursion into the American Museum of Natural History [M]. New York: St. Martin's Press. 1986.

Siegel, Jonah. ed. The Emergence of the Modern Museum – an Anthology of Nineteenth-Century Sources [M]. Oxford: Oxford University Press, 2008.

Snell, Susan and Parry, Polly. Museum through a Lens – Photographs from the Natural History Museum 1880 to 1950 [M]. 2nd ed. London: Natural History Museum, 2009.

Stearn, William T. The Natural History Museum at South Kensington – a History of the Museum 1753 – 1980 [M]. London: Natural History Museum. 1998.

Thackray, John and Press, Bob. The Natural History Museum – Nature's Treasurehouse [M]. London: Natural History Museum, 2001.

Thackray, John. A Guide to the Official Archive of the Natural History Museum, London [M]. London: The Society of the History of Natural History, 1998.

Terra Cotta of the Italian Renaissance [M]. Derby: Terra Cotta Association, 1928.

Treasures of the Natural History Museum [M]. London: Natural History Museum.

Woodward, Henry. A Guide to the Exhibition Galleries of the Department of Geology and Palaeontology in the British Museum (Natural History) [M]. London: Harrison and Sons, 1886.

Wyhe, John Van. Darwin [M]. London: Andre Deutsch, 2008.

Yanni, Carla. Nature's Museums – Victorian Science and the Architecture of Display [M]. New York: Princeton Architectural Press, 2005.

文章

Bullen, J. B. Alfred Waterhouse's Romanesque 'Temple of Nature' : the Natural History Museum, London [J]. Architectural History, 2006, 49: 257-285.

Olley, John. And Wilson, Caroline. The Natural History Museum [J]. The Architects' Journal, 27 March 1985: 32-55.

Instruction issued by the Office of Works, in pursuance of which certain competing Architects have prepared Plans and Designs for Public Buildings proposed to be erected on Land recently purchased by the Government and used in 1862 for the International Exhibition at South Kensington, January 1864.

Estimates, Plans, and Sections of a Museum of Natural History in Prince Albert Road, Kensington Gore, Prepared by Mr. Hunt, in September 1862, in accordance with the Suggestions of Professor Owen, 25 June 1863.

Fowke, Francis. Estimate prepared by Captain Fowke for competing the Exhibition Building according to his published Design, 22 June 1863.

Gray, John Edward, Report from the Keeper of the Department of Zoology, 16 January 1854.

Owen, Richard. Report from the Superintendent of the Natural History Departments, 7 January 1857.

Owen, Richard. Report from the Superintendent of the Natural History Departments, 7 January 1858.

Owen, Richard. Report from the Superintendent of the Natural History Departments, 22 April 1858.

Owen, Richard. Report from the Superintendent of the Natural History Departments, 27 October 1859.

Report of the Special Committee appointed on the 26th Of November 1859.

以上9篇报告均选自Natural History Museum Archive：Trustees Minutes: minutes of the Standing Committee of the trustees relating to the structure, furniture and fittings of the new Museum, 1871-1880 (Archives DF902/1); Central correspondence and papers: papers of the Principle Librarian of the British Museum relating to structure, furniture and administration, 1873-1885 (Archives DF930/1-14); letters and memoranda addressed to sir Richard Owen by the principle Librarian and other, 1856-1883 (Archives DF931/1-5).

Tomlinson, David. A Century at South Kensington – 100 Years of the Natural History Museum [J]. Country Life, 28 May 1981: 1482-1484.

王琦，彩陶铸就的生命礼赞 – 伦敦自然历史博物馆 [J]. 建筑技术及设计，2007, 157(10): 120-129.

网络资源

Albertopolis [EB/oL]. [2010-08-12] http://en.wikipedia.org/wiki/Albertopolis

Albertopolis: the Development of South Kensington & the Exhibition Road Cultural Quarter [EB/oL]. [2010-08-12] http://www.architecture.com/WhatsOn/Exhibitions/OnlineExhibitions/Albertopolis/Albertopolis.aspx

Crystal Palace: A History [EB/oL]. [2010-08-12] http://www.bbc.co.uk/london/content/articles/2004/07/27/history_feature.shtml

The Dinosaur Court [EB/oL]. [2010-08-12] http://www.victorianweb.org/sculpture/misc/hawkins1.html

The Great Exhibition [EB/oL]. [2010-08-12] http://en.wikipedia.org/wiki/The_Great_Exhibition

Natural History Museum [EB/oL]. [2010-08-12] http://en.wikipedia.org/wiki/Natural_History_Museum

Natural History Museum [EB/oL]. [2011-11-07] http://www.nhm.ac.uk/research-curation/library/archives/catalogue

Rothschild Family [EB/oL]. [2010-08-12] http://en.wikipedia.org/wiki/Rothschild_family

T-Rex Robert [EB/oL]. [2011-08-11] http://news.bbc.co.uk/1/hi/uk/4360649.stm

早期评论 [EB/oL]. [2010-08-12] http://www.nhm.ac.uk/visit-us/history-architecture/architectural-tour/view-from-outside/early-visitors/index.html

东翼

Museum Extension – Natural History Museum, East Wing, Kensington, London [J]. Concrete Quarterly, Summer 1976, (109): 10-13.

Works Meets Waterhouse [J]. The Architects' Journal, 5 August 1970: 278-279.

填充项目

Abrams, Janet. Inquiry Called for over New Plans [J]. Building Design, 19 March 1982: 3.

Aldous, Tony. The Extension to the Natural History museum [J]. The Architects' Journal, 24 May 1978: 992.

Aslet, Clive. The Dinosaurs Move out [J]. Country Life, 14 June 1979: 1934.

Atrium Focus for Museum Infill [J]. Building, 30 October 1981 (241) No.7214 (44): 12.

Darley, Gillian. Waterhouse Demolition [J]. The Architects' Journal, 19 April 1978: 737.

Fight Is on to Save Waterhouse Galleries [J]. Building, March 1982 (242) No.7233 (12): 13.

Museum Revamp Revealed [J]. Building Design, 30 October 1981: 3.

Natural History Museum Goes Ahead [J]. The Architects' Journal, 28 October 1981: 862-864.

Natural History Museum Demolition Delayed [J]. The Architects' Journal, 29 September 1982: 30.

Natural History Extension Axed [J]. The Architects' Journal, 3 November 1982: 38.

New NHM Proposals Kept Secret [J]. The Architects' Journal, 27 May 1981: 986.

"人体生理展"展馆

Alt, M. B. Four Years of Visitor Surveys at the British Museum (Natural History) 1976-79 [J]. Museums Journal, June 1980 (80) No.1: 10-19.

Duggan, Tony. The Shape of Things to Come? – Reflections on a Visit to the Hall of Human Biology, South Kensington [J]. Museums Journal, June 1978 (78) No.1: 5-6.

Griggs, S. A. and Alt, M. B. Visitors to the British Museum (Natural History) in 1980 and 1981 [J]. Museums Journal, December 1982 (82) No.3: 149-155.

Making an Exhibition of Ourselves [J]. The Architects' Journal, 1 June 1977: 1016.

Murdin, Lynda. BM(NH) Repositions [J]. Museums Journal, December 1989: 8.

生态馆

Coles, Alec. Through the Looking Glass [J]. Museums Journal, August 1991: 20-21.

Gardner, Carl. Charismatic Ecology [J]. RIBA Journal, August 1991: 28-30.

Melhuish, Clare. Unnatural History [J]. Building Design, 9 March 1990: 4.

Miles, R. S. Introducing Ecology at the British Museum (Natural History) [J]. Museums Journal, June 1979 (79) No.1: 23-26.

Natural Selection – How CAD Helped Ian Ritchie Architects Design the New Ecology Gallery at the Natural History Museum [J]. Architecture Today, January 1991 (14): 51-52.

Swinney, Geoffrey N. Introducing Ecology – a Review of the Exhibition [J]. Museums Journal, March 1979 (78) No.4: 163-164.

恐龙馆

Buildings in Peril: Cases 1992 – 1993 [J]. Victorian Society Annual, 1992: 42-43.

Gardom, Tom. with Milner, Angela. The Natural History Museum Book of Dinosaurs – The Official Book of the Finest Dinosaur Exhibition for 65 Million Years [M]. London: Natural History Museum, 1993.

Hannay, Patrick. Natural Selection: Roger Huntley's Mammals Gallery [J]. Architecture Today, May 1993 (38): 45-49.

Imagination Runs Wild [J]. Designers' Journal, June 1992: 7.

Murdin, Lynda. Publicity for NHM Dinosaurs Put on Hold [J]. Museums Journal, July 1992: 14.

Murdin, Lynda. NHM under Attack from Victorian Society [J]. Museums Journal, August 1992: 9.

Natural History Museum's Interior 'Has Been Ruined' [J]. Building Design, 3 July 1992: 24.

Welsh, John. Look But Don't Touch [J]. Building Design, 17 April 1992: 8.

地质馆

Allen, Isabel. Making the Earth Move in South Ken [J]. The Architects' Journal, 25 July 1996: 39-43.

Buxton, Pamela. Museum Set for Ritchie Redesign [J]. Building Design, 19 February 1993: 5.

Clarke, Giles. Globe Spins on [J]. Museums Journal, September 1997: 27.

More Globe Trouble [J]. Museums Journal, June 1998: 54.

My Big Globe won't Spin [J]. Museums Journal, August 1997: 50.

The Natural History Museum's Earth Galleries [J]. Building Design, 2 July 1993: 4.

Thomas, Rachel. Shedding Light on Earth [J]. Museums Journal, May 1997: 41.

达尔文一期

Buxton, Pamela. The Animals Went in Two by Two… [J]. Building Design, 20 September 1996: 8.

Darwin Centre Takes Shape [J]. Museums Journal, December 1999: 8.

Darwin Centre First Phase Fully Evolved [J]. Building Design, 5 July 2002: 4.

Phillips, Phil. The Jar's the Star [J]. Museums Journal, November 2002: 18-19.

Taylor, David. HOK's new Shop Window for Nature [J]. The Architects' Journal, 25 November 1999: 6.

Williams, Austin. Survival of the Fittest [J]. The Architects' Journal, 19 September 2002: 34.

达尔文二期

Bizley, Graham. Venturing into the Cocoon [J]. Concrete Quarterly, Winter 2008: 12-15.

Curtain up on Møller Museum Extension [J]. Building Design, 11 September 2009: 4.

Greenberg, Stephen. Stephen Greenberg Visits CF Møller's Darwin Centre at the Natural History Museum [J]. Architecture Today, October 2009 (202): 42-48.

Lyall, Sutherland. Natural Selection [J]. Architects' Journal Specification, 11 2008: 14-23.

McIntyre, Tony. Works: CF Møller Architects – Cocoon Phase [J]. Building Design, 5 September 2008: 10.

Souhami, Rachel. Darwin Centre (Phase 2), Natural History Museum, London [J]. Museums Journal, December 2009: 44-47.

Steel, Patrick. Nationals Eye Sustainable Guidance [J]. Museums Journal, October 2008: 13.

The Møllers' Tale [J]. Building Design. 23 April 2004: 22.

Venturi, Robert. Denise Scott Brown and Steven Izenour. Learning from Las Vegas [M]. Cambridge, Massachusetts, and London: The MIT Press, 1972.

图片来源

正文插图

以下图片版权均归属伦敦自然历史博物馆（Natural History Museum）所有：

封面图片、图1-1、图2-2、图2-5、图2-7、图2-8、图3-2、图3-3、图3-4、图3-5、图3-6、图3-7、图3-8、图3-11、图3-16、图3-28、图3-29、图3-30、图片3-31、图3-34、图3-37、图3-38、图3-39、图3-41、图3-42、图3-43、图3-44、图3-45、图3-46、图3-47、图3-48、图3-49、图3-50、图3-51、图3-52、图3-53、图3-54、图3-55、图3-56、图3-57、图3-58、图3-59、图3-60、图3-61、图4-1、图4-2、图4-3、图4-4、图4-5、图4-6、图4-7、图4-10、图4-12、图4-13、图4-14、图4-15、图4-16、图4-17、图4-18、图4-19、图4-20、图4-21、图4-22、图4-24、图4-25、图4-26、图4-28、图4-32、图4-33、图4-34、图4-35、图4-37、图4-38、图4-39、图4-40、图4-42、图4-43、图4-44、图4-45、图4-46、图4-47、图4-48、图4-49、图4-50、图4-51、图4-52、图4-54、图4-56、图4-57、图4-58、图4-59、图4-61、图4-62、图4-63、图4-64、图4-65、图4-66、图4-68、图4-69、图4-70、图4-71、图4-72、图4-73、图4-74、图4-75、图5-2、图5-3、尾页插图

以下图片版权均归属英国皇家建筑学会（RIBA）所有：

图3-17、图3-19、图3-20、图3-23、图3-24

其中，图3-19、图3-23、图3-24版权归属RIBA Library Drawings and Archives Collection所有。图3-17、图3-20版权归属RIBA Library Photographs Collection所有。

图3-18 版权归属英国维多利亚与阿尔伯特博物馆（V&A Museum）所有。

图3-17、图3-24、图3-28中所包含的平面图选自Survey of London, Volume 38: South Kensington Museums Area, English Heritage Publication

以下图片为本书作者拍摄：

图2-4、图2-6、图2-9、图2-10、图2-11、图2-12、图2-13、图2-14、图2-15、图3-9、图3-10、图4-9

图3-25：作者根据赫胥黎1868年草图临摹绘制，原图索引：Thomas, Huxley. Proposed museum for Manchester, Section, 1868. Suggestions for a proposed natural history museum in Manchester, 1868. Reprint, London: Report of the Museums association, 1896: 128.

图3-26：作者自绘

图5-1：作者合成绘制

图2-1：摄影：吴津东，2010年

图3-22：摄影：James Alexander，2012年

图3-35、图3-36：摄影：林源，2011年

图2-3：Dickinson's Comprehensive Pictures of the Great Exhibition of 1851, 1854.

图3-12：Girouard, Mark. Alfred Waterhouse and the Natural History Museum. 2nd ed. [M]. London: Natural History Museum, 2005: 10

图3-13：Girouard, Mark. Alfred Waterhouse and the Natural History Museum. 2nd ed. [M]. London: Natural History Museum, 2005: 9

图3-14：Girouard, Mark. Alfred Waterhouse and the Natural History Museum. 2nd ed. [M]. London: Natural History Museum, 2005: 11

图3-15：Stearn, William T. The Natural History Museum at South Kensington – a History of the Museum 1753 – 1980 [M]. London: The Natural History Museum, 1998: Plate 13

图3-21：旧明信片图像

图3-27：Girouard, Mark. Alfred Waterhouse and the Natural History Museum. 2nd ed. [M]. London: Natural History Museum, 2005: 21

图3-40：Stearn, William T. The Natural History Museum at South Kensington – a History of the Museum 1753 – 1980 [M]. London: The Natural History Museum, 1998: 45

图3-62：Woodward, Henry. A Guide to the Exhibition Galleries of the Department of Geology and Palaeontology in the British Museum (Natural History) [M]. London: Harrison and Sons, 1886: 108

图4-8：Thackray, John and Press, Bob. The Natural History Museum – Nature's Treasurehouse [M]. London: The Natural History Museum, 2001: 90

图4-11：Thackray, John and Press, Bob. The Natural History Museum – Nature's Treasurehouse [M]. London: The Natural History Museum, 2001: 76

图4-23：Museum Extension – Natural History Museum, East Wing, Kensington, London [J]. Concrete Quarterly, Summer 1976 (109): 12

图4-27：Girouard, Mark. Alfred Waterhouse and the Natural History Museum. 2nd ed. [M]. London: Natural History Museum, 2005: 55

图4-29：Aldous, Tony. The Extension to the Natural History museum [J]. The Architects' Journal, 24 May 1978: 992

图4-30：Abrams, Janet. Inquiry Called for over New Plans [J]. Building Design, 19 March 1982: 3

图4-31：Natural History Museum Goes Ahead [J]. The Architects' Journal, 28 October 1981: 862-863

图4-36：Melhuish, Clare. Unnatural History [J]. Building Design, 9 March 1990: 4

图4-41：Welsh, John. Look But Don't Touch [J]. Building Design, 17 April 1992: 8

图4-55：Allen, Isabel. Making the Earth Move in South Ken [J]. The Architects' Journal, 25 July 1996: 40, 43

图4-60：Buxton, Pamela. The Animals Went in Two by Two… [J]. Building Design, 20 September 1996: 8

图4-67：Bizley, Graham. Venturing into the Cocoon [J]. Concrete Quarterly, Winter 2008: 14; Lyall, Sutherland. Natural Selection [J]. Architects' Journal Specification, 11 2008: 19-20

图3-1：[EB/oL]. [2011-12-28] http://mangreig.wordpress.com/2010/11/07/experimental-pop-up-book-cabinet-of-curiosities/

图3-32：[EB/oL]. [2010-08-20] http://www.skyscrapercity.com/showthread.php?t=584411&page=242

图3-33：[EB/oL]. [2010-08-20] http://marchitecto.tumblr.com/post/312962541/will-be-drawing-this-freakin-cathedrals-in-oslo-paper

图4-53：[EB/oL]. [2011-12-28] http://www.bgs.ac.uk/discoveringGeology/geologyOfBritain/archives/womenInGeology/home.html

《两座雕像背后的故事》插图

图1：摄影：王原，2004年

以下图片为王原拍摄，版权均归属伦敦自然历史博物馆（Natural History Museum）所有：

图2、图3、图4，2005年摄；图6、图7，2009年摄

图5：版权归属伦敦自然历史博物馆（Natural History Museum）所有

The author and publisher gratefully acknowledge the permission granted to reproduce the copyright material in this book. Every effort has been made to trace copyright holders and to obtain their permission for the use of copyright material. The author and publisher apologizes for any errors or omissions in the above list and would be grateful if notified of any corrections that should be incorporated in future reprints or editions of this book.

本书作者与出版方衷心感谢图片版权所有方授予在本书中使用相关素材的许可。尽管已尽全力联络版权所有者并争取获得素材使用权，本书作者与出版方仍愿为上文名录中可能出现的所有错误与纰漏致以诚挚歉意，且如有任何需要更正之处，愿在本书日后再版中加以更正。

英文缩写索引